中部大学ブックシリーズ
アクタ

# 持続可能な発展への挑戦

中部ESD拠点が歩んだ国連ESDの10年

### 古澤 礼太
Furusawa Reita

風媒社

# 巻頭言

「持続可能な発展」は、21世紀の人類にとってもっとも重要な課題です。1960年代の急激な経済成長は、自然環境を犠牲にしました。1970年代には自然環境の保全が大きなテーマでしたが、1980年代に入ると、自然環境だけでなく、広く人間環境を改善していく必要性が指摘されるようになります。そのことを強く説いたひとりが当時の国連事務総長ペレス＝デ＝クエヤルさんでした。

私は1999年から10年間、ユネスコ（国際連合教育科学文化機関）の事務局長を務めました。その間、ペレス＝デ＝クエヤルさんを私の顧問に迎え、世界各地から研究者を招いて「持続可能な発展」についての研究会を開きました。その成果は、『地球との和解』（英題：Making Peace with the Earth、仏題：Signons la Paix avec la Terre）という本にまとめました。しかし、研究者によってあきらかにされた地球的課題を解決するのは誰なのかという問題が残ります。

2005年に、日本の提案による国連総会の決議を受けて「国連 ESD（持続可能な開発のための教育）の10年」が始まり、その主導機関にユネスコが指名されました。教育を通じて、人類最大の危機を回避しようという国際キャンペーンです。ここで重要なのは、地球規模課題の解決を、人々の生活の場としての地域において、立場の異なる人々（多様なステークホルダー）の連携のもとに実現しようという考え方でした。「持続可能な発展」とは、「持続可能な社会」を実現するために一人ひとりが「持続可能な生活スタイル」を確立することと言い換えてもよいでしょう。そこには、既

存の常識や慣例にとらわれない地球市民としての価値観と行動の変革が求められます。

　本書の著者である古澤礼太さんは、大学人でありながら10年間にわたって、地域のESDネットワークづくりに尽力してこられました。中部ESD拠点（RCE　Chubu）の事務局長として直面した数々の問題を論じた本書は、「言うは易く行うは難い」多様なステークホルダーの連携に関する貴重な記録です。こうした困難を乗り越えてこそ実現されるべき「持続可能な発展」とはいかなるものか、読者の皆さんにもぜひ考えていただきたい。


　　　　　　　　　　　2019年3月
　　　　　　　　　　　第8代ユネスコ事務局長　松浦晃一郎

# はじめに

　2005 年に国際連合（国連）は「ESD の 10 年」を開始した。ESD とは、Education for Sustainable Development の略語で、「持続可能な開発（発展）のための教育」を意味する。「ESD の 10 年」とは、「持続可能な開発（発展）」の実現のために、その教育活動を 10 年（2005 〜 2014 年）かけて、全世界的に推進しようという国連の決議であった。

　ESD が唱えられるに至ったのは、この先、人類は果たして存続できるのか、という危機意識が、20 世紀後半から地球規模で広がりはじめたからである。

　　・資源枯渇や公害、気候変動（地球温暖化）、海洋汚染などの環境破壊

　　・民族紛争や戦争

　　・貧困、飢餓、病気の蔓延

　こうした災厄が、21 世紀人類にとっての危機としてたちあらわれた。しかもそれを生み出しているのは、これまで人類発展の基礎として疑われることがなかった経済成長主義だった。18 〜 19 世紀にはじまった産業革命が 20 世紀人類に経済的繁栄をもたらしたことはたしかだった。しかし、21 世紀を迎えた今、はたしてそうなのか。人類はむしろ破滅に向かって進んでいるのではないかという疑いが大きくなったのである。

　「持続可能」と訳されている原語サステイナブル（Sustainable）には、こうした危機意識が強烈にこめられている。英語のサステイナブルとは、破滅状態にあるがかろうじて生き延びている状態だということを意味する言葉だからである。

　「持続可能な開発（発展）」（Sustainable Development）の Development を「開発」と訳すか「発展」と訳すかで意見がわかれる。ここでは、「持続可能な開発のための教育」という訳語が日本政府内で使用されているため、ESD

および国際会議等の名称については「開発」をもちいる。ただし、概念としての Sustainable Development（SD）については、「持続可能な発展」と表記する（コラム①を参照）。Development を「開発」と訳すと、開発途上国の開発問題だと理解されやすい。しかし国連が「ESD の 10 年」の決議で訴えたのは、開発途上国の危機でなく、先進国も含めた人類全体の危機であり、その主要原因は、むしろ産業社会を支えた経済成長至上主義（以降、経済成長主義と呼ぶ）にあるとしたのである。

経済成長主義への信仰は未だ根強い。そのために、国連は、教育を通じて、人類にとって危険な行き過ぎた経済成長主義を再考し、人類の存続を可能にする発展論を、新たな教育によって全人類に根付かせようとしたのである。

幼児期から「持続可能な発展」の必要性を学び、一般市民だけでなく国や地方の行政に携わる公務員、政治家、企業経営者もともに一体となって、人類を絶滅の危機から救い、持続可能な人類社会を築きあげていこう。それが、ESD の趣旨である。

「ESD の 10 年」はユネスコが中心となって進められることになった。ユネスコ（United Nations Educational, Scientific and Cultural Organization: UNESCO）は教育・科学・文化を担う国連機関であり、日本語では「国際連合教育科学文化機関」と訳される。

他方、国連のシンクタンクであり大学院教育機関である国連大学（United Nations University: UNU）も、ESD 活動の一環として、世界各地に「持続可能な開発のための教育」の推進主体となる「ESD 地域拠点（RCE）」を設置することを決めた。RCE とは Regional Centre of Expertise on Education for Sustainable Development の略語である。

愛知県、岐阜県、三重県を範囲とする中部地域にも、2007 年に中部 ESD 拠点（英語名 : RCE Chubu）が設置された。中部大学はその幹事機関となり、事務局も置かれた。筆者は、中部 ESD 拠点の設立に一市民の立場から携わ

りはじめたが、2007 年から、中部 ESD 拠点事務局が置かれた中部大学中部
高等学術研究所の研究者として携わり、中部 ESD 拠点協議会の事務局長も
務めることになった。

　本書では、その中部 ESD 拠点の活動を中心に、「持続可能な開発のための
教育」が何であり、それが中部地域でどのようにおこなわれたかを紹介する。
同時に、そこで出会うことになったさまざまな問題も明らかにして、「持続
可能な開発のための教育」推進の一助にしたい。

巻頭言　　松浦晃一郎　　1

はじめに　3

## 第1部　国連「持続可能な開発のための教育（ESD）の10年」の開始と中部 ESD 拠点の誕生（2005～2007年）

### 1章　ESD とは何か ..................................................... 8
1. 日本政府による「国連 ESD の10年」の提案 ............... 8
2. ESD の前史 ............................................................ 10
3. 「持続可能な発展」の実践としての ESD .................. 13

### 2章　愛・地球博から ESD へ ................................... 15
1. 愛・地球博と「持続可能な発展」........................... 15
2. 愛・地球博の市民参加事業 ................................... 18
3. 個人中心の「市民プロジェクト」が提起した問題 ...... 22
4. ESD のリーディングプロジェクトとしての愛・地球博 ... 25

### 3章　中部 ESD 拠点の誕生 ..................................... 26
1. ESD 地域拠点（RCE）としての「中部 ESD 拠点」... 26
2. 中部 ESD 拠点の創設準備 ................................... 30
3. 中部 ESD 拠点協議会の発足とその後の課題 ........... 33

## 第2部　中部 ESD 拠点の挑戦（2008～2013年）

### 4章　伊勢・三河湾流域圏 ..................................... 37
1. 中部 ESD 拠点による「持続可能な地域づくり」...... 37
2. 伊勢・三河湾流域圏 ESD 講座 ............................ 40

## 5章 「生物多様性条約 COP10」と市民参加 ……… 41
1. COP10支援実行委員会と市民団体の協働 ……… 41
2. 生物多様性条約 COP10における中部 ESD 拠点の活動 ……… 45

## 6章 ESD の推進モデルづくり ……… 51
1. 「ESD ユネスコ世界会議」開催地 ESD モデルづくり ……… 51
2. ESD 地域拠点（RCE）の国際会議における
  流域圏モデルの情報発信 ……… 53
3. 「持続可能な発展」への RCE の貢献 ……… 56

## 第3部 「ESDユネスコ世界会議」（2014年）

## 7章 「ESDユネスコ世界会議」の誘致と準備 ……… 59
1. 「ESDユネスコ世界会議」の愛知県・名古屋市への誘致活動 ……… 59
2. 誘致決定と状況の変化 ……… 61
3. 市民参加への期待と失望 ……… 64

## 8章 「ESDユネスコ世界会議」における
  流域圏 ESDモデルの発表 ……… 68
1. ESD ユネスコ世界会議とは ……… 68
2. ESD ユネスコ世界会議における中部 ESD 拠点の取り組み ……… 70

## 9章 成果文書「あいち・なごや宣言」の採択 ……… 74
1. 公式ワークショップ ……… 74
2. 成果文書「あいち・なごや宣言」の採択 ……… 79
3. ESD から SDGs へ ……… 79

おわりに　85

参考文献　88

## 第1部

### 国連「持続可能な開発のための教育（ESD）の10年」の開始と中部ESD拠点の誕生（2005〜2007年）

# 1章　ESDとは何か

　2002年の国連総会（第57回）において「ESDの10年」（2005〜2014年）が採択されたことによって、2005年からその取り組みが世界規模ではじまった。国連は特定の課題への取り組みを10年計画で設定し、国連加盟国が共同してその実現をはかる「国連の10年」（「国際の10年」とも呼ばれる）キャンペーンをおこなってきた。1960年代の「開発の10年」、1970年代の「軍縮の10年」、1990年代の「薬物乱用に反対するための10年」などである。21世紀のはじめに地球規模で取り組むべき課題として「ESDの10年」が設定された。

#### 1. 日本政府による「国連ESDの10年」の提案

　「ESDの10年」は、2002年の「持続可能な開発に関する世界首脳会議」（通称「ヨハネスブルグ・サミット」）の場で提案されたが、その提案国は日本であった。

　当時の小泉純一郎首相が積極的な提案者の1人だった。首相のヨハネスブルグ・サミットでの記者会見によると（資料①）、教育は、日本の近代化を支えた最重要政策だったことを指摘し、次の3点を強調した。

1. 天然資源のない日本が発展しえたのは教育があったためである。教育は発展の鍵だ。
2. 現在の発展の陰には、公害など環境問題がある。環境保護と経済発展の両立が重要だ。環境問題をめぐる「京都議定書」を世界の諸国が批准し、締結する

第 1 部

必要性がある（京都議定書は 1997 年採択、2005 年発効。2002 年当時まだ未発効）。

3. 世界の貧困解決には途上国の自助努力と国際社会の協力が必要である。日本は、20 億ドルの教育援助や 5 年間で 5,000 人の環境関連人材育成などの支援策を今後着実に実施する。

$CO_2$ 排出削減など地球環境保護対策を定めた「京都議定書」は、経済成長主義の近代化モデルを抑制した点において、地球環境破壊対策として画期的な国際条約だった。小泉首相にとって、「持続可能な開発のための教育

---

### コラム①　持続可能な「発展」か「開発」か

　ESD とは、Education for Sustainable Development の略語で、「持続可能な発展のための教育」を意味する。しかし、「持続可能な開発のための教育」という訳語を、現在日本政府は採用している。Development を「発展」と訳すか「開発」と訳すかの違いである。原語の英語の意味からすれば、「発展」と訳するほうが適当だ。中部大学では「発展」を採用し、国際 ESD センターを「持続可能な発展のための教育」センターと表記してきた。

　訳語は近年まで政府内でもわかれ、文部科学省は「発展」、他省庁は「開発」を採用していた時期があった。文部科学省は ESD を「持続発展教育」と表記して国内で普及させた。しかし、2014 年に「ESD に関するにユネスコ世界会議」が日本で開催されるに際して、日本政府内は訳語を「開発」に統一し、この会議を「持続可能な開発のための教育（ESD）に関するユネスコ世界会議」と呼ぶことにした。

　しかし訳語の統一を説明した文部科学省の文章では続いて、「ただし、教育現場において引き続き「持続発展教育」をもちいることは可とし、現場の判断に委ねることとする」としている（文部科学省，Online1）。

　「開発」とは「開発途上国における開発」のように、開発途上国の発展にかかわる概念として使われる傾向がある。それゆえ、「持続可能な開発」は日本のような先進国の発展政策にはかかわらないという印象をあたえるおそれがある。しかし、「開発」という言葉に Development をもちいた「持続可能な開発」は開発途上国のみならず、先進国も含めた全地球社会の開発発展政策に対する提言だということを、ご理解いただきたい。ESD（持続可能な開発のための教育）はむしろ、公害問題の世界的広がりに対応して生まれた概念で、先進工業国における環境破壊が念頭におかれ、このような先進国モデルが開発途上国の近代化政策のなかでくりかえされてはならないという趣旨につらぬかれている。

---

9

## 資料① 小泉首相の記者会見（抜粋）

私は、持続可能な開発の促進について日本として何をすべきかという課題に世界の指導者と共に取り組むためにヨハネスブルグ・サミットに出席した。（中略）

日本には天然資源がない。そうした中で今日の発展を成し遂げた最も大きな原因の一つに教育があり、人こそが国の発展に最も重要であると言った。発展という成功の歴史の陰に、いろいろな損害を無視するわけにはいかない。この成長過程での公害問題を今後どう克服して環境保護と経済発展を両立させるか。これは単に日本だけの問題ではない、先進国の問題でもない。すべての世界、すべての国民、すべての人類に通じるものである。日本として成長の過程での成功例と失敗例を提示して、是非とも発展途上国のみなさんに日本の犯した失敗の轍を踏んでもらいたくないと強調した。また、日本が京都議定書の作成、締結について一貫してリーダーシップを発揮して、その理解、協力を求めていく。このような考え方に沿って、国際援助の場でも京都議定書の早期締結と温暖化対策の評価を訴えた。

貧困の削減のためには、まず当事者である途上国自身が良い統治を実現し、貿易・投資の自由化・促進を図りつつ、自助努力により開発に取り組むことが不可欠であると考える。国際社会は対等なパートナーとして支援の手を差し伸べることが重要である。その国には、その国にとってより良い方法がある。外国ではうまくいっても、その国ではうまくいかない点もあるのではないか。その国での自助努力、自主性を尊重しながら、各国が援助の手を差し伸べることが重要である。これが日本の大事な援助哲学である。我が国の考え方は、大筋として各国の理解・賛同を得ることができたと思う。サミットの成果に反映されることとなり、うれしく思う。

ヨハネスブルグ・サミットは何よりも具体的な行動を指向すべきである。そこで日本として20億ドルの教育援助や5年間で5000人の環境関連人材育成など、いわゆる小泉構想を今後着実に実施していく決意であることも表明した。（中略）

そして世界各国と協力しながらお互いが所期の目的を達成できるようにそれぞれが努力することが大切であると改めて確信した。この会議を成功裏に導くことにご尽力いただいたムベキ南アフリカ大統領、そして関係各位のご努力、ご尽力に心から敬意と感謝を表明したい。（首相官邸, Online）

（ESD）」は、「京都議定書」とならんで、21世紀の地球規模課題解決のために必要な二大基礎条約だった。

## 2.ESD の前史

### 国連人間環境会議

「持続可能な発展」という概念が誕生するまでには、長い前史があった。

その嚆矢となったのは、1972年6月、スウェーデンのストックホルムで開催された「国連人間環境会議」だ。世界規模で環境問題が取り上げられたはじめての会議であった。

その背後には、1960年代に世界各地で頻発しはじめた公害問題があった。日本でも阿賀野川水銀汚染、水俣病、四日市喘息など深刻な公害問題がおきていた。しかし、公害問題喚起に大きな役割をはたしたのは、レイチェル・カーソンの『沈黙の春』(1962) だった。カーソンは殺虫剤などの農薬使用によって、自然環境が破壊され、将来の春は、ミチバチの羽音が消え、鳥たちも鳴かなくなる沈黙の春となるだろうと論じた。

そんなおり、1970年に日本では、「人類の進歩と調和」をテーマにした日本万国博覧会（通称「大阪万博」）が開催された。そこには、60年代に高度経済成長をなしとげた日本の自信があふれ、「人類の進歩と調和」が可能であるかのごとき楽観論にたった万国博覧会という雰囲気があった。しかし、パリで前衛芸術家と交流し、アフリカ美術や縄文美術に触発されて芸術活動を続けてきた岡本太郎は、「人類の進歩と調和」に問いを突きつけるかのごとき「太陽の塔」を大阪万博のシンボル・タワーとして製作した。

「太陽の塔」の外から見えない内部には、生命進化を一連にして示す像がおさめられている。生命進化の長大な歴史から見て、現代の産業発展とは何ほどのものか。そういう問いかけが「太陽の塔」には込められていたと言ってよいだろう。

そして大阪万博跡地には、日本民芸館とともに国立民族学博物館という日本初の大型民族学博物館が建設された。アジア、アフリカ、中南米、など、それまで欧米先進国文明の吸収にやっきとなって見向くことのなかった"第三世界"の文化・文明を収集調査し紹介する研究博物館が誕生したのである。

**持続可能な発展（Sustainable Development）」概念の登場**

「国連人間環境会議」から10年後の1982年には、国連環境計画（UNEP）の管理理事会特別会合（通称「ナイロビ会議」）において「環境と開発に関する世界委員会」の設置が決まった。この委員会は委員長を務めたノルウェー首相の名をとってブルントラント委員会と呼ばれるようになるが、この委員会においてはじめて、人類の未来全体が持続不可能性を持った危機的な未来として論じられた。持続不可能性とは、人類は滅亡するかもしれないという

ことである。

委員会の成果は、1987年に『われわれ人類全体の未来—それは滅亡か』として発表された。（邦題は『地球の未来を守るために』環境と開発に関する世界委員会, 1987)

この報告書のなかで、「持続可能な発展」とは、「将来の世代のニーズを満たす能力を損なうことなく、今日の世代のニーズを満たすような発展」だと定義された。現世代の生活充足のみを図るあまり、次世代の生存が困難となるような地球環境悪化や資源の枯渇をひきおこす経済成長は、人類の発展にならない発展である。

このような委員会の設置を国連にはたらきかけた主要国の一つが日本であったことも忘れてはならない。

### 環境と開発に関する国際連合会議（地球サミット）とリオ宣言

そして1992年、ブラジルのリオデジャネイロを舞台に「環境と開発に関する国際連合会議（United Nations Conference on Environment and Development：UNCED、通称「地球サミット（Earth Summit)」）が開催された。これには世界172ヶ国代表、産業団体、市民団体などの非政府組織（NGO）が参加し、のべ4万人を越える国連史上最大規模の会議となった。そして、持続可能な発展を実現する国際社会構築に向けた「環境と発展に関するリオデジャネイロ宣言」（リオ宣言）が発表された。同時に、宣言実施のための行動計画である「アジェンダ21」と「森林原則声明」が合意された。

地球サミットでは、「リオの双子の条約」と呼ばれる「国連気候変動枠組条約（UNFCCC)」と「生物多様性条約（CBD)」も採択・署名された。

「京都議定書」が採択されたのは、「国連気候変動枠組条約」による1997年の第3回会議で、近年では、2015年開催の第21回会議で「京都議定書」を引き継ぐ「パリ協定」が結ばれた。

生物多様性条約は、生物種の減少を防ぐことを目的とした国際条約である。生物多様性条約の第10回締約国会議（CBD-COP10）は、2010年に名古屋で開催されて、筆者も関わることとなった。

地球サミットは、「持続可能な発展」論を国際的に定着させた重要な会議であった。

**ミレニアム開発目標（MDGs）**

　そして新しい千年紀をむかえた2000年、21世紀の人類社会から貧困を削減するビジョンの策定のためにミレニアム委員会が設置された。1000年を意味するミレニアムとは「至福の1000年」というキリスト教の神学的意味も含んだ言葉である。そして以下の8つの目標が、2015年までに達成すべきミレニアム発展目標（Millennium Development Goals：MDGs）としてさだめられた。これは「持続可能な発展」をなしとげるための具体策の一歩であった。

1. 極度の貧困と飢餓の撲滅
2. 普遍的な初等教育の達成
3. ジェンダー平等の推進と女性の地位向上
4. 乳児死亡率の削減
5. 妊産婦の健康の改善
6. HIV／エイズ、マラリア、その他の疾病のまん延防止
7. 環境の持続可能性の確保
8. 開発のためのグローバルなパートナーシップの推進

## 3. 「持続可能な発展」の実践としての ESD

### 「ESDの10年」の開始

　こうした議論の積み重ねのうえに、ヨハネスブルグ・サミット（持続可能な開発に関する世界首脳会議）が2002年に開催された。ここで、日本政府などの提案があって、同年の国連総会において「ESDの10年」（2005〜2014年）という10年キャンペーンが採択されるに至った。この趣旨は、「持続可能な発展」を、国連会議場だけの宣言とするにとどまらず、その実現を地球上の全人類が広くそれぞれの場で取り組もうという実践的行動論にあった。その際の最も重要な手段が「教育」だとされ、ESD「持続可能な開発のための教育」と名付けられた。

　ESD「持続可能な開発のための教育」とは、具体的にどのような教育なのか。ユネスコの国内委員会は、これを「環境、経済、社会の統合的な発展」をめざす教育だとして、その主要項目の例を8項目あげている（図1）。

- 環境学習
- 国際理解学習
- 世界遺産や地域の文化財等に関する学習
- 気候変動
- 生物多様性
- 防災学習
- エネルギー学習
- その他の関連する学習

図1. ESD の概念図（文部科学省,Online2.）

　ここで重要なのは、8項目の学習には、「環境学習」や「気候変動」など地球規模の自然環境学習とともに、「国際理解学習」と「世界遺産や地域の文化財等に関する学習」があげられていることだ。「国際理解学習」を通じて国際紛争などの戦乱を抑止し、また、「世界遺産や地域の文化財等に関する学習」を通じてアジアやアフリカなども含めた世界のさまざまな文化を正しく理解することが、人類の持続可能な発展に資するとされているのである。このような人類文化学習の重要性の指摘は、2000年のレニアム開発目標（MDGs）には含まれていなかった。

　また、「ESD の10年」の国連決議は、その主要目標として、以下のように、多様な主体の参加による ESD の推進を各国政府に求めた。「市民社会および他の関連ステークホルダーの協力による活動を通じ、ESD の10年に関する人びとの意識向上と参加を促進するよう各国政府に呼びかける」(UNESCO, 2005)。ESD 活動への市民の参加は、国連決議で当初から重要視されていたのである。

**愛・地球博と ESD**

　2005年には、2005年日本国際博覧会（通称「愛・地球博（愛知万博）」）が愛知県で開催され、「自然の叡智」がテーマとして掲げられた。30年前の大阪万博のスローガンは「人類の進歩と調和」であり、「進歩」という概念がまだ入っていた。しかし、「自然の叡智」を掲げた愛・地球博は、「21世紀はもはや、無条件の発展の時代ではない。人類社会は衰亡するかもしれない。それを阻止するにはどうしたらよいか」という問題意識をもってスタートした

といえる。

　ESD は愛・地球博の開催理念の一つでもあった。筆者自身が ESD に参加する契機になったのも、愛・地球博での市民参加事業であった。これは、のちに中部大学に勤務し、ESD の実践と運営に携わることを通じて出会うことになったさまざまな問題を対処するに際しての、貴重な経験となった。そして実は、中部 ESD 拠点の活動がはじまってからも、これに参加した市民メンバーの多くは、筆者と同じように、愛・地球博の市民参加事業経験者だった。

　愛・地球博の市民参加事業を次章で紹介しておこう。


# 2章　愛・地球博から ESD へ

　愛・地球博は、「自然の叡智」と「地球大交流」を理念の中心に据えて開催された。「人と自然」、「人と人」との関係を見つめなおすことで持続可能な社会を創造しようというものであった。愛・地球博の「愛」は愛知県を意味するとともに、愛を意味する。地球に愛をそそぐ国際博覧会だ。

　愛・地球博は、それゆえ、「持続可能な発展」に取り組む ESD 活動支援を愛知および中部地域市民が準備する大きな機会となった。筆者もその市民の一人だった。

　筆者は、市民参加事業の一つとして「平和」について考えるシンポジウムを企画・実施することになった。当時、名古屋大学大学院文学研究科で文化人類学を学ぶ大学院生だった筆者は、この時に ESD の概念と初めて出会った。

　シンポジウムの準備段階で、平和とは、単に戦争や人びととの争いだけではなく、環境破壊や不公正な経済システムなどによっても脅かされるものであるという指摘を受けた。このことから、環境破壊が人類の将来を危うくするという危機感に支えられた「持続可能な開発のための教育」ESD に関心を持った。


## 1. 愛・地球博と「持続可能な発展」
### 「自然の叡智」と「地球大交流」

　愛・地球博は、世界121の参加国を集めて開催された21世紀最初の登録博覧会だった。登録博覧会とは、博覧会国際事務局（Bureau International des

Expositions：BIE）が定める大規模博覧会であり、小規模の「認定博覧会」と区別されている。

愛・地球博が掲げたテーマは「自然の叡智」であり、事業コンセプトは「地球大交流」だった。経済成長主義とそれを支えた先進国中心主義が地球の持続可能性を危ぶませているという問題意識があった。

この危機感は BIE に強くあった。人類の進歩や発展をテーマとして掲げてきたこれまでの国際博覧会の勢いに衰微の兆候がみられていたからである。そこで BIE は、1994年の総会において、地球規模の課題解決への貢献や国際機関との連携を打ち出した。1994年決議と呼ばれるこの決定を受けて、愛知県における国際博覧会の開催が1997年に決定された。開催年は2005年だ。

2005年は、「ESD の10年」計画の開始年でもあった。愛・地球博は、それゆえ、21世紀地球人類の存続をはかるための、国連を主体としたこの10年計画との連携の下でおこなわれることになった。

そして、「自然の叡智」と「地球大交流」という理念を具現化する手段として、「市民の力」が注目され、市民参加事業が愛・地球博の重要支柱の一つとして計画に入れられた。

実際においても、愛・地球博参加のさまざまな市民団体は、持続可能な社会の創造を目的としたさまざまな催しや展示をおこない、「持続可能な発展」という概念を市民の間に広げることとなった。

**教育プログラムとしての国際博覧会**

21世紀初の国際博覧会に市民参加が組み込まれた背景を振り返ってみよう。

博覧会の定義は、国際博覧会条約第一章の第一条に、「公衆の教育を主たる目的とする催し」として、以下のように記されている。

> 博覧会とは、名称のいかんを問わず、公衆の教育を主たる目的とする催しであって、文明の必要とするものに応ずるために人類が利用することのできる手段又は人類の活動の一若しくは二以上の部門において達成された進歩若しくはそれらの部門における将来の展望を示すものをいう（BIE, 1928）。

国際博覧会の主たる目的は教育だ。しかし、教育内容にはいささかの変化があった。当初、国際博覧会は物産市や商品見本市的性格を有していた。し

かし、1994年6月に開催された第115回 BIE 総会において、「世界的な教育プログラム」としての万博像が打ち出されることになった。次のような決議がなされたからである。

○　すべての博覧会は現代社会の要請にこたえうる今日的なテーマを持たなくてはならない。
○　（そのテーマは）すべての参加者がそれを表現できるほどに十分大きなものであって、当該分野における科学的、技術的及び経済的進歩の現状と、人間的・社会的な要求、及び自然環境保護の必要性から諸問題を浮き彫りにするものでなくてはならない（BIE, 1994）。

　愛・地球博チーフプロデューサーの福井昌平氏によると、これは、1928年に BIE 規約が作られて以来の方針の見直しであった（2005年日本博覧会協会, 2005a）。
　しかも、国際博覧会の開催には、「国連のような世界的に高い権威を有する機関との連携が不可欠である」とされた。それは愛・地球博であれば、「持続可能な発展」を推進しようとしていた「ESD の10年」との連携であった。

### 愛・地球博会場の環境問題
　しかし当初、愛・地球博の準備段階では、このことが必ずしも明確に認識されていたとは言えなかった。なぜなら、テーマ「自然の叡智」とは裏腹に、会場自体を自然破壊によって整備してスタートしようとしていたからである。開催予定地に設定された「海上の森」は、愛知県瀬戸市南東部に広がる、約530ha の里山と森林からなる広大な丘陵地であり、貴重種、希少種、絶滅危惧種の動植物種を有しているのみならず、それらを育む100箇所以上もの湿地があった。
　森の保護をめぐって、地元の主婦が立ち上がり、1993年、愛知県知事宛てに公開質問状を提出するに至った（曽我部, 2005）。そのうえに、1999年には、希少種のオオタカが発見された。「自然の叡智」をテーマに掲げた愛・地球博の会場設定そのものが、自然環境破壊のうえになりたっていたという矛盾が明らかになったのである。しかも、愛・地球博後、会場跡地は宅地開発されることになっていた。

これを機に、自然保護団体を中心に博覧会開催中止の声が一気に高まった。国際的な NGO も動き出した。その結果、BIE が博覧会計画見直しを求めるに至った。とりわけ会場跡地を宅地開発に利用するという計画に対する BIE の批判は痛烈だった。BIE は、愛・地球博主催者との会談において、「君たちは地雷の上に乗っている」とまで警告した（「中日新聞」2000 年 1 月 14 日）。

これを受けて、2000 年 4 月に「愛知万博検討会議」が設置されて、会場計画が再検討された。「愛知万博検討会議」とは、主催者側の、2005 年日本国際博覧会協会、通商産業省、愛知県の 3 者が、「海上の森における博覧会の会場計画のあり方、海上の森を保全、活用するための方向、そのための仕組みについて、地元関係者、自然保護団体、有識者等の意見を幅広く聞きながら検討を進める」ことに合意して、博覧会協会内に設置した会議である（2005 年日本国際博覧会協会, Online2）。その設置には、世界自然保護基金日本委員会（WWF ジャパン）、日本自然保護協会、日本野鳥の会の環境 3 団体による、「海上の森」会場案に対する粘り強い批判と抵抗があった（吉田, 2005）。

愛知万博検討会議での議論の結果、博覧会の中心会場は、海上の森からすでに公園化されていた青少年公園へと移すことになった。その結果、BIE からの万博開催許可を再取得できた。

それゆえに、愛知万博検討会議は、市民主導によって開催地計画が見直された画期的な会議だったと評価された。愛・地球博における市民参加事業も市民主体の運営が実現できるのではないかと期待が高まった。

## 2. 愛・地球博の市民参加事業
### 市民参加事業の検討

愛・地球博の市民参加事業は、博覧会の企画段階当初から予定されていた。開幕の 4 年前の 2001 年 12 月に、「2005 年日本国際博覧会基本計画」が発表された。その「基本的な考え方」には、「地球市民村」と「市民交流プラザ」（のちの「市民プロジェクト」）が市民参加の核であり、「地球市民」の創出までめざすと明記されていた。

　　本博覧会は、21 世紀初頭に開催される BIE の定める国際博覧会として、国と国際機関の公式参加を中核とした事業として展開される。これまでの日本で開催された国際博覧会を超える国や国際機関の出展参加を実現すると同時

に、21世紀の国際博覧会にふさわしい民間企業やNPO/NGOの主体的な参加
と、多様な市民の積極的な参加を推進する。特に、「地球市民」と呼べる、新
たな主体の創出を産・学・官・市民の交流を通して実現し、日本及び開催地の
新たな活性化の契機とする。(2005年日本博覧会協会, 2001)

市民参加には積極的な支援をすることも言明されていた。

①市民の参加に向けては、推進組織の構築を支援するとともに、出展、運営など
　さまざまな事業への参加を推進する
②市民交流プラザ及び「地球市民村」については、市民参加の核となる事業と位
　置付け、幅広い市民の参加を得て展開していく

(2005年日本博覧会協会, 2001)。

　これにより、本格的な市民参加型博覧会が到来すると信じた市民も多かっ
た。しかし現実には、市民参加にはさまざまなハードルが課せられることに
なった。それゆえ、市民参加は出展段階に限られるのか、それとも運営段階
にまで至るのかという、「市民参加の段階(フェイズ)」論がなされるに至った。
　これは市民参加にともなってひきおこされがちな議論であった。「2005年
日本国際博覧会基本計画」には市民参加が「運営」にまでおよぶと明記され
いた。しかし、実際にはじまった市民参加事業で市民に「運営」が任される
ことはなかった。一部の参加市民はこれに憤り、愛・地球博における「市民
参加」とは、「自然の叡智」と「地球大交流」を実践しているかにみせる"ア
リバイ"にすぎない名ばかりの参加ではないか、という疑念を深めた。市民
参加事業は市民が「安価な労働力」として扱われるための口実にすぎない、
といった至学館大学学長の谷岡郁子氏に代表される批判も発せられるように
なった(谷岡, 2005)。それゆえ、開幕を待たずに市民参加事業から離れていっ
た市民も少なくなかった。

**市民参加事業の開始 ―「地球市民村」と「市民プロジェクト」―**
　愛・地球博は開幕し、市民参加事業の核として位置づけられた地球市民村
と市民プロジェクトは発足した。二つのプロジェクトはどのように遂行され、
どのような問題を提起したのだろうか。

持続可能な発展への挑戦

　二つのプロジェクトは方法を異にしていた。

　地球市民村の市民参加は、国際的な NPO/NGO である市民団体を対象に募集がおこなわれた。募集の文言は以下のような文章であった。

　　　国際的な NGO/NPO で、地球と人類の未来を考える「持続可能性への学びのプログラム」を持っている団体を募集。主要対象分野としては、「自然・環境」、「開発・国際協力」、「平和」、「その他持続可能な開発に関わる分野」に属する団体で、教育プログラムが提案できることを対象とする予定。プログラムの表現方法は、ワークショップ、アート、パフォーマンス、伝統技術、国際会議など多様な形態を期待したい。（2005年日本国際博覧会協会 , 2005c）

　この呼びかけに応えた NGO が地球市民村に参加した。

　地球市民村の参加団体の特性を見ると、以下の3種に分類できる（2005年日本博覧会協会 , 2006b）。

　a. 環境問題に取り組む団体
　b. 社会生活の問題に取り組む団体
　c. 紛争・平和問題に取り組む団体

　環境問題に取り組む団体は、「キープ協会」のような環境教育団体、「国際イルカ・クジラ教育リサーチセンター」など動植物保護団体、「中部リサイクル運動市民の会」のような地域の環境活動団体であった。社会生活の問題に取り組む団体は、青年育成の「ガールスカウト日本連盟」や「シャプラニール」などの国際協力団体である。紛争・平和問題に取り組む団体は、「国境なき医師団」や「世界宗教者平和会議／国際自由宗教連盟」がこの分野に入る。

　地球市民村の会場は、竹で包まれた円形ドームのブースと、屋内出展ゾーンであった。総数30にまでなった参加 NGO 団体が、毎月5団体、それぞれの海外のパートナー NGO とともに、ワークショップやステージ・パフォーマンス、対話型の展示をおこなった。NGO スタッフと市民との交流も活発だったゆえに地球市民村の人気は高まった。

　地球市民村には「ESD の10年」が視野にあったため、中心コンセプトを

20

「持続可能性への学び」と設定した（2005年日本博覧会協会,2005b）。それゆえ、地球市民村に参加したNGOの多くは、閉幕後も国内外でESDの意識を持って活動を展開するに至っている。

　地球市民村において展開された多彩なテーマは、愛・地球博の閉幕から10年後に国連がその達成を呼びかけた「持続可能な開発目標（SDGs）」の17目標（詳細は第9章を参照）のほとんどすべてを網羅していることには、特に注目しておきたい。

### 「市民プロジェクト」への個人の市民参加

　市民プロジェクトは、瀬戸会場の市民パビリオンと海上広場で展開された。2002年10月に、博覧会協会より「市民参加基本計画」が発表された。この計画書によると、愛・地球博での「市民参加のプラットフォームのデザインコンセプト」は、以下のように記されている。

> 「多中心をめざす世界的な市民の交流の場を創造するために」
> ・「主体」：あくまでも個人の自発性が起点であること
> ・「関係」：かぎりなくフラットな関係が結ばれること
> ・「成果」：よりプロセスが重視されること
>
> （2005年日本博覧会協会,2006a）

　このコンセプト作りに中心的役割をはたしたのは、小川巧記市民参加プロデューサーであった。小川氏は、「環境破壊は関係破壊である」と訴えて、人びとの「交流の場づくり」を市民参加事業の中心に据えた。そして、個人での参加希望者を募ってから、グループ化によりプロジェクトを作り上げてゆくことを考えていた。

　こうしてでき上がったプロジェクトの総数は235となった。活動内容をテーマで分類すると、平和、環境、福祉、アート、生涯学習、伝統、まちづくり、ものづくり、健康、その他となる（2005年日本博覧会協会,2006a）。

　市民プロジェクトで決定された235の市民企画プロジェクトは、瀬戸会場内の4つのゾーンで展開された。実施された市民企画は、閉幕時の4イベントを加えて、最終的に239のプロジェクトとなり、総来場者数は1,198,232人と発表された。

プロジェクトの代表的な活動回数を、博覧会協会の成果報告をもとに整理すると表1のようになる。

表1 「市民プロジェクト」の活動実績

| 活動 | 回数（時間）・件数 |
| --- | --- |
| 「対話劇場」のステージ | 924回（1,015 時間） |
| 「対話ギャラリー」の「地球の授業」 | 1,913 回 |
| 海上広場のワークショップ | 1,230 回 |
| 「ウェルカムハウス」の市民放送局の投稿記事 | 627 件 |

**個人募集の「市民プロジェクト」**

市民プロジェクトの公募が地球市民村と違った点は、団体募集ではなく、個人の募集であった点である。個人としての多数の市民が活動に加わることで市民ネットワークを広げることができると考えられていた。

公募は一次募集（2002年12月）と二次募集（2003年10月）の2回に分けておこなわれた。

第一次募集では、5種類のテーマ（環境・いのち・隣人・とき・美しさ）を設定して募集をおこなった。応募者数は約360名。全員にプロジェクト参加が認められた。そのうえで、グループ化をおこなうために、参加市民間の連携・協働が促されることとなった。

参加者がそれぞれのプランを持ち寄り、近いものをまとめるという作業がおこなわれた。しかし、持ち寄るプランは少なかった。はっきりした目的を持って参加した市民の数は多くなかったのである。他方で、参加市民側に、「プロジェクトをまとめて一緒にやっていくことに対する戸惑いもあった」（鈴木, 2006）。

しかし、2003年10月には、50のテーマ・プロジェクトが決定された。

第二次募集には、団体応募も認められた。応募者は、50のプロジェクトのいずれかに合流するか、新たなプロジェクト・プランを提案するか、いずれかを選択することができた。

## 3. 個人中心の「市民プロジェクト」が提起した問題

**「運営」から「出展」へ**

一次募集から二次募集までの間、市民プロジェクトの運営は困難をきわめた（古澤, 2007）。当初、市民プロジェクトの運営は、小川プロデューサーのもと、5人のファシリテーター（事業者）と、市民から民主的に選ばれた5人

の「編集長」が担っていた。「編集長」と呼ばれたのは、市民が持ち寄ったプランを「編集」してプロジェクトを具現化していくという役割を持ったためである。

しかし、市民側と事業者側（博覧会協会および広告代理店）の軋轢は絶えなかった。また、市民同士の衝突もあった。ある事業者側スタッフは、市民プロジェクト初期に多発したトラブルの要因の一つを一部の市民による「リーダー欲」によるものだったとした（緒方, 2006）。

市民プロジェクトには遅れが生じはじめた。

すると、博覧会協会は、それまでの「編集長を中心とする市民主体のプロジェクト創出への支援体制」から、「博覧会協会が任命するディレクター（多くは広告代理店のイベントのプロ）から市民に指示するプロジェクト運営体制」に移行することを決定した。その結果、事業者側のディレクターが中心となって各プロジェクトを運営することになり、せっかく選出された市民編集長はその任務から解かれることになった。そして彼らは次々と市民プロジェクトから去っていった。

そして事業者側のディレクター主導のもと、市民プロジェクトが進むことになった。

参加市民の多くは、市民の自律した運営や、運営における事業者側ディレクターとの対等なパートナーシップをめざしていた。しかし、それは不可能にみえた。

### 「市民参加の段階（フェイズ）」

この問題は、政治学者や社会学者によると、「市民参加の段階（フェイズ）」という問題であった。つまり市民参加には、いかなるフェイズの市民参加が求められているか、という問いである。社会学者アーンスタインは、「市民参加の8段階（フェイズ）」を論じている。そのなかで重要なのは、「非参加」、「形式参加」、「市民権力」の3段階（フェイズ）である（後, 2005）。

市民参加者は、当初、主催者である博覧会協会から一定権限を委譲されプロジェクトを自主管理する「市民権力」を有すると考えて参加した。しかし、市民参加は、与えられた場に参加するだけの「形式参加」に軌道修正された。これに失望した市民の多くは市民プロジェクトから去る「非参加」を選択したのである。

## 市民に自主管理能力はあるのか

現実問題としては、参加した市民に、自主管理を担えるだけの能力が備わっていたかどうかという疑問もあった（後, 2005）。「市民権力」の段階での市民参加を担えるだけの主体的条件があるのか、という問いだ。

博覧会の閉幕後、筆者を含む市民プロジェクト参加者有志は、「市民プロジェクト2006」というフォーラムを実施した。市民プロジェクトの成果と問題点をあらいだすためだった。元博覧会協会市民参加室長の鈴木直彦氏にも参加を願った。

鈴木氏は、入場料を払う来場客の要求に堪え得る事業を運営・実施するという点において、市民に運営を委任してもそれを市民がやり遂げうるとみるのは難しいという立場から、博覧会協会の軌道修正の理由を説明した。市民に運営能力があるというのは、「市民性善説」だという。しかし「市民性善説」は否定せざるを得なかったというのが、鈴木氏の偽らざる主張だった。しかし、ここには二つの問題があった。

## 個人として応募した市民のグループ化

一つは、市民プロジェクトの一次募集で参加した市民は、そもそも個人としてしか応募できなかったということである。個人参加の募集は、参加のハードルを徹底的に下げた画期的な試みであった反面、団体の自己運営能力が発揮できないというジレンマがあった。

見知らぬ他人同士が博覧会のためにグループを組み、さまざまな不満や軋轢を乗りこえてプロジェクトを管理運営することは、時間をかければ可能であったかもしれないが、短期間では無理であったというべきであろう。

## 「市民プロジェクト」は興行イベントか

もう一つの問題は、博覧会協会側が市民参加活動に対して、「入場料を払う来場客の要求に堪え得る事業」を求め続けたことにある。つまり、市民プロジェクトを興行イベントとしてみていたことである。しかし、市民参加事業は、経済的収支や来場者の短期的な満足度によってのみ、その価値が判断されるようなイベントではない。

その企画背景には、「『地球市民』と呼べる、新たな主体の創出を産・学・官・市民の交流を通して実現し、日本及び開催地の新たな活性化の契機とす

る」という、「地球市民」創出の崇高な理念があった。その理念とは、たとえ100人の来場者が楽しく時間を過ごしたとしても、「地球市民」としての意識が誰にも芽生えなかったとするならば、そこには価値がない。逆に、99人の来場者がつまらないイベントで時間を無駄にしたと感じたとしても、一人が「地球市民」として目覚めるならば、後者のほうが価値がある。そう考える理念である。

市民参加事業の計画と運営が陥った矛盾とは、地球市民創出をめざす博覧会の理念と、運営者側にとって放棄しがたい経済成長主義との矛盾であった。これは構造的な問題であったといえる。

## 4. ESD のリーディングプロジェクトとしての愛・地球博

愛・地球博の市民参加は何であったか。閉幕後、博覧会の成果を総括した2005年日本国際博覧会基本理念継承発展検討委員会（2006）は、その答申の冒頭に、「愛・地球博の成功は、『持続可能な開発のための教育（ESD）の10年』のリーディングプロジェクトに位置付けられると国際社会から評価されることにもなった」と記している。

NGO や市民の参加も評価された要因の一つであった。市民による市民参加事業そのものの自主管理に至るまでの成果を出すことはできなかった。しかし、この参加により、生きがいを見つけた市民や、活動の意義をわかりやすく市民に伝える能力を学んだ市民も多かった。こうした市民は、閉幕後も活動を継続発展させている。

市民参加はつねに矛盾と衝突を抱えている。愛・地球博の市民参加では、閉幕後もこうした問題に対して、主催者側を含めた参加者が、開かれた場や報告書等で、現在に至るまで活発に議論している。それゆえに、市民参加事業への「不参加」を選択せずに、博覧会を乗り切った市民の多くは、愛・地球博の市民参加事業に対する深い愛情を持つに至った。当然、筆者もその一人である。

そして、博覧会閉幕後に、ESD 活動に加わったメンバーの多くは、愛・地球博で「持続可能な発展」の重要性に目覚め、その実現のために行動したいと考えた市民参加事業経験者であった。彼らは、後述する中部 ESD 拠点の設立理念に知的創造性を注入する役割を担った。

# 3章　中部ESD拠点の誕生

2005年の「ESDの10年」開始にともない、国連大学は、ESD地域拠点（Regional Centres of Expertise on ESD: RCE）事業を開始し、世界各地にESDを推進する地域拠点を認定した。

## 1. ESD地域拠点（RCE）としての「中部ESD拠点」

### ESD地域拠点（RCE）とは何か

ESD地域拠点とは、地域ぐるみでESDを推進するためのネットワーク拠点である。国連大学が認定するRCEの数は、国数で60ケ国、拠点数で158拠点に達する（表3）。わが国にも7拠点がある（表2）。

RCEにおいては、大学の参加と貢献が求められたが、持続可能な開発のための教育は高等教育機関に閉じ込められるべきものでなかった。それは、人間社会のさまざまな分野でおこなわれるべきものであるため、市町村県などの地方公共団体や、小学校から高校に至るまでの初等中等教育機関、NGOその他の民間団体も、このプログラムへの参加団体として考えられた。

ESDの「教育」はフォーマル教育に限るものではなく、ノンフォーマル教育、インフォーマル教育もターゲットであり、その間の連携も重要課題だった。そのため、以下のような取り組みが求められた。（図2）

表2　日本国内のRCE（2019年1月）

| RCE名 | 認定年 | 団体名 | 幹事機関 |
|---|---|---|---|
| RCE岡山 | 2005年 | 岡山ESDプロジェクト・協議会 | 岡山市役所 |
| RCE仙台広域圏 | | 仙台広域圏ESD・RCE運営委員会 | 宮城教育大学 |
| RCE横浜 | 2006年 | 横浜RCEネットワーク推進協議会 | 横浜市役所 |
| RCE北九州 | | 北九州ESD協議会 | 北九州市役所 |
| RCE兵庫―神戸 | 2007年 | ESD推進ネットひょうご神戸 | 神戸大学 |
| RCE中部 | | 中部ESD拠点協議会 | 中部大学 |
| RCE北海道道央圏 | 2015年 | RCE北海道―道央圏協議会 | 酪農学園大学 |

# 第1部

## 表3　世界のRCE（2017年1月）

| 世界のRCE（158） | | | |
|---|---|---|---|
| **アジア太平洋地域** | | **ヨーロッパ地域** | |
| 国名（15） | RCE名（59） | 国名（20） | RCE名（44） |
| オーストラリア（5） | 西オーストラリア／ギップスランド／西シドニー広域圏／マレー・ダーリング／タスマニア | イギリス（8） | イーストミッドランズ／マンチェスター広域圏／ロンドン／ノースイースト／セバーン／スコットランド／ウェールズ／ヨークシャーおよびハンバーサイド |
| バングラデッシュ | ダッカ広域圏 | オーストリア（2） | グラーツ＝シュタイア／ウィーン |
| カンボジア | プノンペン広域圏 | ベラルーシ | ベラルーシ |
| 中国（7） | 安吉／シャングリラ／北京／フフホト／昆明／／天津／杭州 | オランダ | ライン＝ムーズ川流域 |
| インド（16） | アルナーチャル・プラデーシュ／バンガロール／チャンディーガル／チェンナイ／デリー／ゴア／グワハティ／ジャム／コダグ／コジコーデ（カリカット）／ラクナウ／ムンバイ／プネー／スリナガル／ティルヴァナンタプラム／ティルパティ | ドイツ（7） | ハンブルク／ミュンヘン／ニュルンベルク／オルデンブルク・ミュンスターランド／ルール／南部ブラックフォレスト／シュテッティナーハーフ |
| インドネシア（3） | ボゴール／東カリマンタン／ジョグジャカルタ | デンマーク | デンマーク |
| 日本（7） | 中部／仙台広域圏／北海道道央圏／兵庫・神戸／北九州／岡山／横浜 | スウェーデン（4） | ノーススウェーデン／スコーネ／ウェストスウェーデン／ウプサラ・ゴットランド |
| キルギス共和国 | キルギスタン | フランス（3） | ボルドー・アキテーヌ／ブルターニュ／パリ・セーヌ |
| マレーシア（3） | マレー半島中部／イスカンダル／ペナン | チェコ共和国 | チェキア |
| ニュージーランド | ワイカト | ギリシャ（2） | 中央マケドニア／クレタ |
| フィリピン（4） | ボホール／セブ／イロコス／北ミンダナオ | アイルランド | ダブリン |
| 韓国（5） | 仁川／インジェ／蔚州／統営／昌原 | イタリア | ユーロリージョンチロル |
| タイ（3） | チャアム／マハーサーラカーム／トラン | リトアニア | ヴィリニュス |
| 太平洋諸島 | パシフィック（太平洋諸島） | ポーランド | ワルシャワ都市圏 |
| ベトナム | 南部ベトナム | ポルトガル（3） | アソーレス／クレイアス＝オエステ／ポルト大都市圏 |
| **アフリカ・中東地域** | | ロシア（2） | ニジニ・ノヴゴロド／サマラ |
| 国名（17） | RCE名（37） | セルビア | ヴォイヴォディナ |
| カメルーン | ブエア | スペイン（2） | バルセロナ／ガリシア |
| エジプト | カイロ | フィンランド | エスポー |
| ガーナ | ガーナ | アルバニア | 中央アルバニア |
| ヨルダン | ヨルダン | **アメリカ地域** | |
| スワジランド | スワジランド | 国名（8） | RCE名（24） |
| レソト | レソト | アルゼンチン（2） | チャコ／クエンカ デル プラタ |
| マラウィ | ゾンバ | グアテマラ | グアテマラ |
| モザンビーク | マプト | コロンビア | ボゴタ |
| ナミビア | コーマス　エロンゴ | ブラジル（3） | クリチバ＝パラナ／リオデジャネイロ／サンパウロ |
| ナイジェリア（7） | イェナゴア広域圏／イロリン／カノ／ラゴス／ミンナ／ポートハーコート／ザリア | メキシコ（2） | ボーダーランズ・メキシコUSA／西ハリスコ |
| 南アフリカ（3） | ハウテン／クワズール・ナタール／カナおよび東ケープ郊外 | カナダ（8） | ブリティッシュ・コロンビア（ノースカスケード）／モリシー／ケベックセンター／モントリオール／ピーターボローカワーサーハリバートン／サスカチュワン／サドベリー広域圏／タントラマー／トロント |
| ケニア（9） | ケニア中部／ナイロビ広域圏／ブワニ広域圏／カカメガ＝西ケニア／マオ・エコシステム・コンプレックス／ケニア山 東部／北リフト／ニャンザ／南リフト | ペルー | リマ-カヤオ |
| タンザニア | ダルエスサラーム | アメリカ合衆国（6） | グランド・ラピッズ／ジョージタウン／アトランタ広域圏／ポートランド広域圏／シェナンドーバレー／バーリントン広域圏 |
| ウガンダ（4） | 東ウガンダ広域圏／カンパラ広域圏／マサカ広域圏／ムバララ広域圏 | | |
| ザンビア | ルサカ | | |
| ジンバブエ（2） | ムタレ／ハラレ | | |

持続可能な発展への挑戦

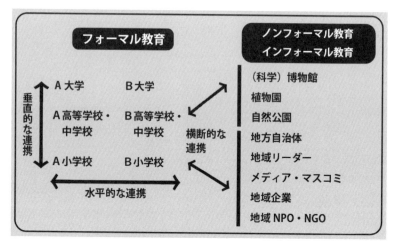

図2　ESD 地域拠点（RCE）の概念図
（出展：国連大学のウェブサイトより）

1) フォーマル教育（公教育）：大学間、高等学校間などの横の連携のみならず、大学と高校の間、高校と中学の間といった縦の連携の促進。
2) ノンフォーマル教育：博物館や植物園などの学校以外の教育施設における学習や教育の推進。
3) インフォーマル教育：生活の場での学習や教育の推進のみならず、インフォーマル教育の場となる企業、自治体、NPOと、公教育（フォーマル教育）機関との相互協力の推進。

　中部 ESD 拠点の武者小路公秀氏（元国連大学副学長）の指摘によると、RCE の提唱者であるオランダ人のハンス・ファン・ヒンケル元国連大学長が意図した RCE（Regional Centres of Expertise）の E: Expertise（専門的知識）とは、いわゆる研究者などの「専門家」が持つ専門的知識だけをさすものではなく、地域に暮らす人びとが熟知している地域の課題やそれらの解決に向けた知恵もさす。
　とりわけ、地域課題を熟知した市民の知識を「専門的知識」と捉えた RCE の理念は、国連活動の中でも画期的なものであった。

第1部

## 表4　中部ESD拠点協議会参加団体（2018年4月時点）

| 属性 | 団体名 | 属性 | 団体名 |
|---|---|---|---|
| 大学・研究所 | 愛知学院大学 | NPO・市民団体 | NPOアイシスジャパン |
| | 愛知教育大学 | | 愛・地球プラットフォーム（NPO法人） |
| | 愛知県立大学 | | 愛・地球博ボランティアセンター（NPO法人） |
| | 核融合科学研究所 | | アジア日本相互交流センター・ICAN（NPO法人） |
| | 岐阜大学 | | アスクネット（NPO法人） |
| | 中部大学 | | 伊勢・三河湾流域ネットワーク（NPO法人） |
| | 名古屋大学 | | エコデザイン市民社会フォーラム（NPO法人） |
| | 名古屋学院大学 | | エコプラットフォーム東海（NPO法人） |
| | 名古屋工業大学 | | 大瀬古町子供と地域の環を育む会 |
| | 名古屋市立大学 | | 大人のRIKA教室 |
| | 名古屋造形大学 | | NPO環境市民大学よっかいち |
| | 日本福祉大学 | | 勝川駅前商店街振興組合 |
| | 三重大学 | | 環境市民（NPO法人） |
| | 名城大学 | | ぎふNPOセンター（NPO法人） |
| 高等学校 | 中部大学第一高等学校 | | 岐阜県産業用麻協会 |
| | 春日丘高等学校 | | 山楽路プロジェクト |
| 中学校 | 春日丘中学校 | | 地域の未来・志援センター（NPO法人） |
| 研究センター・研究会 | 愛知大学三遠南信地域連携研究センター | | (社)持続可能なモノづくり・人づくり支援協会 |
| | 金生山化石研究会 | | 中部ESD拠点推進会議 |
| | 中部大学伊勢・三河湾流域圏研究会 | | 中部環境パートナーシップオフィス（EPO中部） |
| | 中部大学地域の安全と持続発展領域　創生センター | | ドゥチュウブ（NPO法人） |
| 博物館 | 日本最古の石博物館 | | NAGOYAおもいやり実行委員会（NPO法人） |
| 地方自治体・国の出先機関 | 愛知県（政策企画局） | | なごや環境サポーターネットワーク |
| | 岐阜県（環境生活部） | | なごや国際オーガニック映画祭実行委員会 |
| | 三重県（環境森林部） | | 名古屋志段味の里地を残す会 |
| | 春日井市（企画政策部） | | 名古屋ユネスコ協会 |
| | 名古屋市（総務局） | | 日進自然観察会 |
| | 環境省中部地方環境事務所 | | ネイチャークラブ東海 |
| | 国土交通省中部運輸局 | | ビッグイシュー名古屋ネット |
| | 国土交通省中部地方整備局 | | 藤前干潟を守る会 |
| | 農林水産省東海農政局 | | ふゆみずたんぼ・知多普及会 |
| 行政機関の外郭団体 | なごや環境大学 | | ブリッジ・フォー・ピース（NPO法人） |
| | 名古屋国際センター | | 平和教育地球キャンペーンNAGOYA |
| 企業・経済団体 | 浅田電気保安管理事務所 | | HOMIES（NPO法人） |
| | 株式会社　東産業 | | 美濃陶芸彩工房 |
| | 環境パートナーシップ・CLUB（EPOC） | | 山崎川グリーンマップ |
| | 株式会社　テクノ中部 | | ユネスコクラブ日本ライン |
| | 株式会社　電通中部支社 | | 四日市ウミガメ保存会 |
| | | | ワールドヒストリーファウンデーション |

29

表5 中部大学国際 ESD センター所属教員 （2019年1月現在）

| 氏名 | 職名 | 本兼務 | 専門分野 | 研究テーマ |
|---|---|---|---|---|
| 宗宮 弘明 | 特任教授 | 本務 | 水圏動物学、魚類生物学、保全生物学 | 魚類の発音システム、魚類の感覚生態 |
| 古澤 礼太 | 准教授 | 本務 | 文化人類学、アフリカ地域研究、ESD | ガーナ共和国における都市文化研究、ESD（持続可能な発展のための教育） |
| 岡本 肇 | 准教授 | 兼務 | 都市計画、まちづくり | 市民主体型まちづくりにおける市民参加・マネジメント手法の構築 |
| 影浦 順子 | 助教 | 兼務 | 日本経済史、社会思想史 | 高橋亀吉の経済思想研究 |

**中部 ESD 拠点の組織体制**

中部 ESD 拠点（RCE Chubu）は、2007年10月に日本国内6番目の RCE として国連大学から認定を受けた。その翌年の2008年1月には、「中部 ESD 拠点協議会」が発足した。

中部 ESD 拠点協議会代表は、設立から現在に至るまで、中部大学の飯吉厚夫総長（2011年から理事長兼総長）が担い、共同代表には名古屋大学の歴代総長が就任している（平野眞一総長、濵口道成総長、現在は松尾清一総長）。

協議会の加盟団体数は77団体である（表4）。主要構成団体となってきたのは、NPO や市民団体（39団体）、大学および研究所（14団体）、行政機関（9団体）である。

拠点運営は、協議会参加団体から選任された運営団体代表者および有識者で構成された運営委員会が担っている。実務の中心となる事務局は、中部大学（中部高等学術研究所付置）国際 ESD センター（2009年発足）が担う。同センターには、宗宮弘明特任教授をセンター長に、准教授が2名と助教が1名（そのうち2名は兼任）の教員が所属している（表5）。筆者もその一員であり、中部 ESD 拠点協議会の事務局長を務めている。

## 2. 中部 ESD 拠点の創設準備

**中部地域における RCE の認定**

愛・地球博の閉幕翌年の2006年に、中部大学を中心に、大学教員、企業関係者、市民活動や NPO の関係者などで中部地域における RCE 認定取得の準備をはじめた。しかし、準備は難航した（古澤，2013）。フォーマル教育、ノンフォーマル教育、インフォーマル教育間に文化の違いがあったからだ。大学人は世間知らず、企業は利益主義、市民団体は遠慮がなく、行政機関は石橋を叩いても渡らない、といった偏った先入観も相互不信を助長した。

中部地域の RCE 認定申請をおこなうための準備は主として二つの方法で
おこなわれた。一つは、幹事機関として申請者となる中部大学内での準備で
ある。もう一つは、「東海・中部 ESD 市民推進会議（のちの中部 ESD 拠点推
進会議、以下で、「ESD（市民）推進会議」と呼ぶ）」を中心とした準備であった。
「ESD（市民）推進会議」は、NPO メンバー、企業人、大学教員、大学院生
など、個人の立場で ESD と関わっていた人びとが組織した"個人の受け皿"
としての団体である。前出の武者小路公秀氏は、「ESD（市民）推進会議」
を以下のように評する。それは、市民を持続可能な社会の「専門家」とする
RCE の発想を実質的に体現する市民による ESD の「専門家」集団であった。
その主要な構成員が、愛・地球博の市民活動に参加することでそれぞれが能
力を磨いており、ESD 活動に対しても強靭な知的創造性（4章「伊勢・三河湾
流域圏」参照）を発揮した。

中部大学の準備では、第1回「地域の持続可能な発展のための教育と人間
安全保障」研究会が、2006年9月に開催された。ESD に関する最初の研究会
であった。地域の多様な主体が集うはじめてのフォーラムは、同年12月に名
古屋大学において開催された。これが、個人の立場で ESD に関わっていた
メンバーと大学関係者が合流して、中部地域の ESD 拠点を立ち上げるため
の事実上のキックオフ会合となった。

当時大学院生であった筆者は、個人の立場で「ESD（市民）推進会議」の
一員となり、このフォーラムの準備と実施に参加した。翌2007年1月からは
中部大学の ESD 活動のためのアルバイトをはじめ、同年4月から中部大学中
部高等学術研究所の研究員として ESD に関わることとなった。

国連大学への RCE 申請には、幹事機関の中部大学に加え、名古屋大学、
なごや環境大学、「ESD（市民）推進会議」の4団体が名を連ねた。名古屋大
学は、中部大学とともに共同代表を務めた。なごや環境大学は、名古屋市役
所が中心となって活動していた市民講座ネットワークである。

運営体制に関しては、幹事機関である中部大学内に意思決定機関を置く体
制と4団体の合議で運営をおこなう体制とで議論が分かれたが、中部大学の
外に意思決定機関である運営委員会を設置することになった。そして、運営
4団体の代表者4名で中部 ESD 拠点運営委員会準備会を発足させた。

申請書類は、4団体の意見を中部大学中部高等学術研究所で集約して作成し、
提出した。そして、2007年の10月9日に、中部 ESD 拠点は国連大学から正

式に RCE 認定を受けた。

### 行政機関への呼びかけ

次の課題は、多数の参加団体を集め組織する「中部 ESD 拠点協議会」の発足であった。

呼びかけにまず力を入れた対象は行政機関であった。愛知県の知事政策局企画課、名古屋市の総務局企画部企画課、環境省中部地方環境事務所や農林水産省中部農政局などであった。

行政機関と強いつながりを持つ中部大学の教員が関係各所に呼びかけをおこない概ね加盟の合意を得た。しかし、その後に当該教員がプロジェクトから離れたことにより、協議会への加盟を前向きに検討していた行政機関の担当者は戸惑いを隠さなかった。筆者は、1月の協議会発足を直前に控えた2007年末、名古屋の行政機関が立ち並ぶ三の丸地区に何度も足を運び、説明と再度の依頼を繰り返した。

1月14日の発足までには、なんとか呼びかけたすべての行政機関から参加の合意を得ることができた。これら行政機関が協議会活動に積極的な参加をする状況は生まれなかったが、行政機関への情報提供をおこなうルートは確保できた。

### 市民団体への呼びかけ

市民への呼びかけも進めたが、ここで、「市民の代表性」が問題になった。市民の代表性問題とは、市民活動としての公共性がいかにして保障されるかという問題である。市民活動の名のもとに展開される活動が、つねに市民の大多数の賛同を得ているとは限らない。そのため、規模が大きく、名の通った「市民の代表性」が高い NGO や市民団体を中心に呼びかけをおこなうべきだという考え方があったのだ。

具体的には、「ESD（市民）推進会議」の「市民の代表性」に、中部大学関係者から疑問が投げかけられた。20名弱の少数団体である「ESD（市民）推進会議」は、中部 ESD 拠点の代表的市民団体としてふさわしいかという問いであった。

しかし、これには「ESD（市民）推進会議」を組織して、RCE 認定に尽力していた愛・地球博経験者を含む市民活動家や、彼らを取りまとめていた数

名の大学教員が強く反論した。RCE が求めるべきは「市民の代表性」ではなく、「市民の専門的知識（Expertise）」であるという主張であった。そこに規模の大小は関係ない。個人の立場でそれぞれが専門的知識を持ち寄って ESD を推進しようという主体性と多様性が大切だとする意見だった。

しかし、こうした論争によって、プロジェクトから離れるメンバーが大学側と市民側の双方に生じた。

**教育機関や企業・経済団体への呼びかけ**

発足時に呼びかけが十分にできなかった対象は学校教育機関と企業である。時間とマンパワーが不足していたことも理由であるが、参加するメリットを明示できる状況になかったことも事実であった。

学校への呼びかけについては、愛知県庁や名古屋市役所が協議会に参加することを決めていたため、各教育委員会や学校も間接的には含まれるという考え方もあり、二の足を踏んだ。そのため、協議会設立時の中学・高校の加盟は、中部大学の併設校のみに留まった。

企業や経済団体に至っては、発足後に賛同を得た中部産業連盟内に事務局を置く環境パートナーシップ・CLUB（EPOC）だけが参加団体として名を連ねるという期間が数年間続いた。

## 3. 中部 ESD 拠点協議会の発足とその後の課題
**団体加盟による中部 ESD 拠点協議会の発足**

2008年1月14日に中部 ESD 拠点協議会は正式に発足した（写真1）。これは団体加盟であり、RCE 申請4団体に加えて、三重大学、岐阜大学、中部環境パートナーシップオフィス（EPO 中部）が運営団体として加わり、7団体7名の運営委員による運営体制となった（表6）。運営委員長は竹内恒夫氏（名古屋大学大学院環境学研究科教授）。幹事機関は中部大学で、協議会事務局は中部大学の中部高等学術研究所内におかれた。しかしこの運営体制にも、さまざまな批判があった。

写真1　中部 ESD 拠点協議会設立総会
（2008年1月14日）

表6 中部 ESD 拠点の役員（2008年設立当時）

| 代表 | | |
|---|---|---|
| 代表 | 中部大学 | 飯吉厚夫（中部大学総長） |
| 共同代表 | 名古屋大学 | 濱口道成（名古屋大学総長） |
| 運営委員会 | | |
| 委員長 | 名古屋大学 | 竹内恒夫（名古屋大学大学院環境学研究科） |
| 副委員長 | なごや環境大学 | 千頭聡（日本福祉大学国際福祉開発学部） |
| 委員 | 中部大学 | 寺井久慈（中部大学応用生物学部） |
| | 東海・中部「持続可能な発展のための教育の10年」市民推進会議 | 天野学（会社員） |
| | 岐阜大学 | 長谷川典彦（岐阜大学地域科学部） |
| | 三重大学 | 高山進（三重大学生物資源学研究科） |
| | 中部環境パートナーシップオフィス（EPO中部） | 新海洋子（NPO法人ボランタリーネーバーズ） |

**市民と大学の相互不信**

　団体加盟の協議会に対して、「ESD（市民）推進会議」は個人加盟を受け入れた。同推進会議も協議会のメンバー団体であったが、運営委員会への参加が、他の運営団体同様に代表者1名に限られたことであった。このため市民の発言権が減少する恐れがあるという危惧と不満が「ESD（市民）推進会議」内に広がった。

　その不満は、本来、多様な主体の参加型ネットワークを下支えすべき中部大学が市民をないがしろにして、大学が中部 ESD 拠点を私有化しようとしているのではないかという不信感へとかわっていった。中部大学が、ESD を大学の売名行為に利用しようとしているといった声も聞かれた。

　当初個人の資格で、つまりインフォーマル教育側の市民として中部 ESD 拠点形成に参加し、後に公教育側の中部大学に移った筆者自身に対しても批判の矛先が向けられた。しかも、研究員になった筆者は協議会発足までの短期間であったが、中部大学総長の命を受けて、中部大学代表として中部 ESD 拠点運営委員会準備会委員（協議会発足後は事務局長）に就任した。個人の立場で活動をともにしてきた「ESD（市民）推進会議」の仲間からは、「自己保身のために大学側に寝返った」といった批判まで受けた。

　こうした軋轢は、そもそも、組織度も目的もちがう諸団体や個人をひっくるめた「教育」活動によって、地球規模の「持続可能な発展」をめざすという ESD の理念に内在するものであった。こうした矛盾を批判することはたやすいが、矛盾を含んだ教育活動の推進、つまりは市民全体、市町村

から県や国まで含んだ行政機関、小中高大学という全公共教育機関総がかりでの努力や意識改革によってしか、21世紀人類の持続可能性を実現するのは不可能だと認識した国連諸委員会と国連の決議の重大さを理解する必要がある。短期的な視野で見たら、自由な個人・市民の参加は抑制して組織として手堅く運営を進めようという方法もありうる。しかし21世紀人類の存続の危機という人類史上かつてない危機を克服するための社会変容を可能にするためには、長期的で地球人類規模に広がった危機をみすえる視野がほしい。

しかし、このような視野や問題意識の違いによる対立が、中部ESD拠点という特定の場では先鋭化することもあった。それゆえ、互いの不信感が更なる不信感を呼ぶという時期が1年間ほど続いた。

しかし、対立はその後、徐々におさまっていく。それは、大学側と市民側の双方に排除の意思はなく、協力の必要性を認め合っていることが理解されるようになってきたからだった。運営団体代表者7名で構成されていた運営委員会には、専門委員として新たに3名の「ESD（市民）推進会議」メンバーが加わった。ESD地域拠点づくりに当初から尽力された武者小路公秀氏（国際担当委員）、黒岩惠氏（企業担当委員：元トヨタ自動車社員）、羽後静子氏（企画担当：中部大学准教授〔当時〕）である。

### 団体加盟の協議会と個人参加のネットワークが直面した問題

団体加盟による中部ESD拠点協議会は、発足後にも課題に直面する。同協議会に関わったNPO関係団体の数は30を超えた。しかし、発足後数年間は、各団体の多様な活動に対して、即効支援をおこなうことは、企画の面でも経済的な面でも困難であった。

他方、個々の市民メンバーの受け皿になった「ESD（市民）推進会議」もその内部にさまざまな問題を抱えることになった。

第一に、「ESD（市民）推進会議」という一団体にとって、愛知県、岐阜県、三重県（伊勢・三河湾流域圏）という広大な活動対象地域でおこなわれている多様な市民活動をすべて受け入れることは困難だった。三重県や岐阜県の住民には、名古屋市内で開催される「ESD（市民）推進会議」参加は地理的にも難しかった。それゆえ、岐阜県においてESDの推進に関心を持つメンバーが、任意で「中部ESD拠点岐阜ブランチ」を立ち上げ、独自の活動をはじ

めたが、「ESD（市民）推進会議」との情報共有はうまくいかなかった。

　第二に、「ESD（市民）推進会議」がおこなう活動がメンバーの離脱をまねくこともあった。例えば、愛知県で2010年に開催された生物多様性条約第10回締約国会議（COP10）の開催中に「ESD（市民）推進会議」は貴重な活動を実施した（5章参照）。しかし、メンバーの中には、それぞれの関心や活動内容と国際会議との距離を感じて会を離れる者もあった。

　当時、去っていくメンバーから、「自分には空中戦は向かない」といった声を聞いた。「空中戦」とは、国連の名前や国際会議の華々しさに目を奪われ、地域の現場活動を疎かにして提言活動やネットワーク活動に時間と労力を割くことを意味していた。彼らは、ローカルな市民活動を国際社会と結びつける「空中戦」も大切であり、誰かが担わなければならない活動であることを認めつつも、自身の「地べた」での地域活動を優先したといえる。

第2部

> **第2部**
>
> **中部ESD拠点の挑戦**(2008～2013年)

# 4章　伊勢・三河湾流域圏

　中部 ESD 拠点は2008年から活動を本格的に開始したため、「ESD の10年」（2005年～2014年）における活動期間は実質的に7年間である。この活動期間に、中部 ESD 拠点に参加する公的な教育機関は、それぞれに ESD 活動を展開した。そのため、中部 ESD 拠点の運営委員会が主体的に企画・実施した活動の多くは、市民団体を対象とした相互学習プログラムやネットワーク活動であった。

## 1. 中部 ESD 拠点による「持続可能な地域づくり」

### 活動対象地域

　国連大学に認定された世界各地の ESD 地域拠点（RCE）は、「持続可能な地域づくり」のために ESD を推進している。その地域の範囲は、認定を受ける際、各 RCE が独自に設定することができる。日本国内の RCE を例にとると、RCE 岡山、RCE 北九州、RCE 横浜は、同名の市の地理的範囲で拠点認定を受けている。それは、いずれの RCE でも基本的には市役所が事務局機能（あるいは事務局経費の多くの部分）を担っているからだ。

　他方、RCE 仙台は、仙台を中心に宮城県全域にわたって形成された ESD 拠点の連合体となっている。

　中部 ESD 拠点の設定した広域圏は、愛知・岐阜・三重の三県を包み込む広域圏であった。市町村の枠組みも、県の枠組みもこえたこの広域圏は、日本で認定された RCE のなかでは最大の広さを有する広域圏であった（現在は、2011年に認定された RCE 北海道道央圏が最大）。

　しかし、そこに中部 ESD 拠点での「持続可能な地域づくり」の難しさがあった。愛知・岐阜・三重の三県にまたがる広域圏を、どのような地域圏として理解して、「持続可能な地域づくり」をおこなうのか、という問題である。

37

地方自治体それぞれも独自のイニシアティヴで、地域づくりをおこなっている。しかし、地方自治体単位の地域づくりは、各地方自治体の分断的地域づくりにもなりやすい。とりわけ、一本の河川や一つの湾などをまたぐ行政区域では、どうしても自然地理的条件にもとづく課題への対応が不十分となる。

　中部 ESD 拠点が独自の地域づくりをおこなうにはどうしたらよいか。そこでうかびあがってきたのは、愛知・岐阜・三重三県を、「伊勢・三河湾流域圏」としてとらえなおしてみようという構想であった。愛知・岐阜・三重三県を一つの広域圏としてみた場合、自然地理環境において、中央に伊勢湾と三河湾をかかえこんだ伊勢・三河湾流域圏だとみてとれる。その伊勢湾と三河湾に、各県を流れる河川が流入している。それゆえ、「伊勢・三河湾流域圏」と理解するならば、愛知・岐阜・三重三県の自然地理環境を統一的に理解できる。

### 生命地域（Bioregion）としての流域圏

　流域圏という地域概念が依拠するのは、生態学的な「生命地域（Bioregion あるいは Ecoregion）」としての地域概念である。生命地域は、アメリカの環境活動家であるピーター・バーグが1970年代に提唱した概念である。国境や地域を区分する人工的な行政区域の境界線ではなく生態系を基礎とした地理的な境界の中で、人びとの暮らしを見直そうという生命地域主義運動（Bioregionalism）のなかで、生命地域という概念がうまれてきた。

　生態系を基礎とするため、例えば小さな島を一つの生命地域と呼ぶこともあるが、河川の流域圏がこの単位となることが多い。近年では、「流域圏プランニング」と呼ばれる、流域圏をテーマとする都市計画や地域計画も注目されるようになった（石川他，2005）。

　生命地域を基礎単位とした RCE は、すでに、マレーシア・ペナン島の RCE ペナン、オランダに拠点を置き、ライン川流域圏を対象地域とする RCE ライン - ムースなどの例がある。

　中部 ESD 拠点では、伊勢湾・三河湾流域圏を一つの生命地域として、ここに暮らす住民を対象とした ESD を推進することとした。伊勢・三河湾流域圏は、伊勢湾と三河湾に流れ込む河川の集水域である、これには、三重県南部一部（太平洋流域圏）と岐阜県北部の一部（日本海流域圏）を除いて、愛知・岐阜・三重の3県がほぼ含まれる（図3）。

この考え方に至った経緯は、「ESD（市民）推進会議」メンバーが、庄内川流域を一つの生命地域と考え、ここでのESD活動準備をはじめた市民運動があり、他方で、伊勢・三河湾流域圏を対象とした持続的発展研究が名古屋大学を中心にすでに着手されていた。そうした成果が市民の知的創造性によって統合され、伊勢・三河湾流域圏の総合的なESD活動がはじまった。

　我々は、伊勢・三河湾流域圏を36地域に分類した。伊勢・三河湾流域圏内に流れる主要11河川と愛知用水に注目して、まず、12河川・用水流域を定めた。ついで、その各流域を、上流・中流・下流に3分類した。その

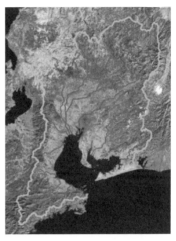

図3　伊勢・三河湾流域圏
（作成：名古屋大学高野雅夫研究室）

結果36の河川・用水流域が設定された。そして各地域別にESD課題を追求するよう求めた。それゆえ、36の課題数が設定された（図4）。

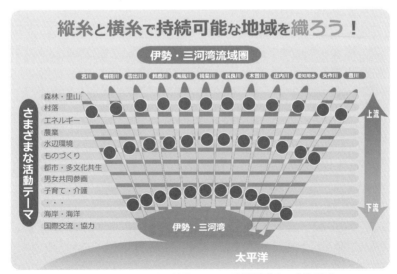

図4　伊勢・三河湾流域圏における流域圏講座の実施場所

12河川・用水は以下のとおりである。西から、宮川、櫛田川、雲出川、鈴鹿川、海蔵川、揖斐川、長良川、木曽川、庄内川、愛知用水、矢作川、豊川。

## 2. 伊勢・三河湾流域圏 ESD 講座

そして36カ所で「流域圏ESD講座」を開催した。講座は地域課題を抱える現場で開催し、地域課題の解決に向けた取り組みをおこなう団体と連携することが、二大原則であった。「ESD講座」は1年間に36回おこない、3年間に合計で108回の講座を開催した。

講座のテーマは、地域の河川で子どもたちに環境教育をおこなうものから、城下町の伝統を守りながら地域の活性化に取り組む社会的な課題、大都市名古屋における貧困問題に至る多彩なものだった。

これを可能にしたのは、NPO法人愛・地球プラットフォームとの共催で獲得したあいちモリコロ基金であった。あいちモリコロ基金とは、愛知県に分配された愛・地球博の余剰金を使ったNPOや市民団体への活動助成のための基金である。

各地域において取り扱ったテーマは、地域課題のほんの一つでしかない。また、その選定に関しても、人づてに推薦や紹介を受けたものが多く、規則的な選出方法によるものではない。しかし、中部ESD拠点として、流域圏

| 宮川 | 櫛田川 | 雲出川 | 鈴鹿川 | 海蔵川 | 揖斐川 | 長良川 | 木曽川 | 庄内川 | 愛知用水 | 矢作川 | 豊川 |
|---|---|---|---|---|---|---|---|---|---|---|---|
| 古民家リフォーム塾 | 地域住民と学生が協働でつくる地域マップ | 子どもと木材工作 | 亀山の小学生を対象とした環境学習 | 海蔵川上流域の里山づくり | 校舎のない学校 | 生物多様性条約COP11報告会 | 産業とのつきあい方 | 恵那の薪ボイラー | 農産地消情報のマッピング | 若者の農村生活支援 | 福津農場の有機農業 |
| 聞き書き講習会 | 丹生地域におけるまち歩きと地域資源の発掘 | 豊出川中流域における農の活性化 | 鈴鹿川流域の環境展 | 海蔵川中流の環境活動 | 垂井町の多文化共生 | 新春着手ESD対談 | 犬山の城下町ESD | 高齢者と学生の交流 | おじいちゃんに聞く、ブラジルに渡った日本人の話しの会 | 伝統的なものづくりとESD | 豊川市東訪地区の中心市街地活性化 |
| 答志島のゴミ問題 | 松名瀬（櫛田川河口）データ勉強会 | 雲出川フォーラム | 四日市公害資料館への市民参加 | 海蔵川と第3コンビナートへの取組み | よみがえれ長良川 | はまくりと赤須賀漁協 | なごやからのリユース復活大作戦！ | ホームレスの自立支援 | メダカ・ホタルの共生の街づくりに向けて | 地域通貨・おむすび通貨の取組み | 東日本大震災の命を語り継ぐ集会 |

背景色　自然　経済　社会

図5　「伊勢・三河湾流域圏ESD講座」テーマ一覧（2012年実施分）

全体を対象として実施した初めての事業であった。

　さらに、分野が異なる諸活動の交流を目的とした「流域圏 ESD 講座発表交流会」を年に一度、合計3回開催した。2013年2月10日に開催した初年度の発表交流会では、36講座すべての関係者が地域の課題とその解決に取り組む活動紹介をおこなった（図5）。

　一例をあげるならば、三重県鳥羽市答志島の漂着ゴミ問題があった。「22世紀奈佐の浜プロジェクト委員会」の委員長で、地元漁業組合の理事でもある小浦嘉門氏は、山・川・里・海をつなぐ流域圏全体の課題として、答志島の漂着ゴミ問題を訴えた。環境省の調査によると、答志島の漂着ゴミは、中部3県の河川から流れ出たものが、潮流に乗って伊勢湾の出口に位置する答志島の奈佐の浜に流れ着く。このため、3県の市民団体が連携して、「22世紀までに奈佐の浜への漂着ゴミを無くそう」という活動をおこない、定期的にゴミ拾い活動を展開している。

　漂着ゴミ問題は、行政区分による地域単位で解決することが難しい課題であるため、中部 ESD 拠点が提唱する、伊勢・三河湾流域圏単位で地域の持続可能性を考える意義を示す好事例となった。


# 5章　「生物多様性条約 COP10」と市民参加

　中部 ESD 拠点が2007年に RCE 認定を受ける際に、国連大学から一つの付帯条件が提示された。それは、2010年に名古屋で開催される「生物多様性条約第10回締約国会議（以降、「生物多様性条約 COP10」または「COP10」と呼ぶ）」への貢献であった。COP10では、市民参加が広く受け入れられた。開催自治体（愛知県・名古屋市）を中心とした支援組織「COP10支援実行委員会」と市民団体は、おおむね良好な関係を築き、両者の連携による多彩な市民参加事業が展開された。


## 1. COP10支援実行委員会と市民団体の協働
### 「生物多様性条約 COP10」とは何か

　生物多様性条約（Convention on Biological Diversity: CBD）とは1992年の地球サミットで調印された国際的な条約である。条約の目的は以下の3点である。

（1）生物多様性の保全
（2）生物多様性の構成要素の持続可能な利用
（3）遺伝資源の利用から生ずる利益の公正かつ衡平な配分（外務省, Online）

　人類の発展史は、野生の自然、野生の動植物を破壊・征服して、人工的な自然である農業用地や牧畜用地、都市空間を創出してゆく歴史であった。とりわけ産業革命以後の経済発展は著しい自然破壊をともない、野生生物種の減少をまねいた。条約の目的は、まずそうした危機にある生物多様性の保全であり、つぎに生物多様性を維持できるような自然資源の持続可能な利用。第3に、地域固有の薬草などに代表される遺伝資源の利用によってうみだされる利益の公正な分配、であった。

　愛知県では、2010年10月11日から29日にかけて生物多様性条約に関する二つの会議が開催された。一つは、生物多様性の保全と生物資源の持続可能な利用を包括的に議論する「生物多様性条約第10回締約国会議（COP10）」。もう一つは、遺伝子組換え生物の国際的な移動によるリスクに対応する仕組みを議論する「カルタヘナ議定書第5回締約国会議（MOP5）」であった。

　会議には、2008年にドイツのボンで開催された「生物多様性条約 COP9」の参加者数約7,000人を大きく上回る約13,000人が参加した。

　生物多様性条約 COP10の成果は、「名古屋議定書」と「愛知目標」の採択であった。

　名古屋議定書とは、海外の動植物や微生物に含まれる遺伝資源を利用して医薬品や食品を開発した場合、その利益を資源の提供国側にも公平に配分することを謳った決議である。

　2010年から2020年までの目標を定めた愛知目標は、生物多様性の損失を阻止する行動として、陸域の17パーセント、海域の10パーセントを保護地域に設定するなど20の個別目標を採択した。

### 「CBD（生物多様性条約）市民ネット」

　愛知県と名古屋市は、生物多様性条約 COP10支援実行委員会を経済団体および関係主要団体とともに組織した。中部 ESD 拠点は幹事として参画した。COP10支援実行委員会は、締約国会議の主催者である CBD の意向をく

第 2 部

## 表7　COP10 支援実行委員会の市民活動支援
(生物多様性条約第10回締約国会議支援実行委員会2011をもとに作成)

| 活動分野 | 活動名 | 活動内容 |
|---|---|---|
| COP10開催前のイベント | 「生物多様性フォーラム」（主催：COP10支援実行委員会）の「NGO/NPOプレフォーラム」（2010年10月11日-29日） | 「CBD市民ネット」の共同代表吉田正人氏をコメンテーターに、NGO/NPO 7団体からのパネリスト参加による討論が行われた。中部ESD拠点推進会議の羽後静子氏（中部大学教授）もパネリストとして登壇。パネル討論では、各団体の活動概要の紹介や、COP10への期待や課題が論じられた。 |
| | 「生物多様性条約COP10/MOP5開催100日前記念フォーラム」（主催：CBD市民ネット、2010年7月11日開催） | 中部ESD拠点運営委員高山進氏（「CBD市民ネット」共同代表）、駒宮博男氏（「CBD市民ネット」事務局長）が講演し、持続可能な社会の構築に向けた市民社会の認識のレベルアップの必要性を説いた。 |
| | 「生命流域シンポジウムin王滝村」（主催：CBD市民ネット、2010年7月17日〜18日） | 岐阜県木曽郡王滝村で開催されたシンポジウムでは、木曽川上流域の人工林の放置や産業廃棄物処理場の乱立容認などの問題が取り上げられて、流域における上下流交流の重要性と、とりわけ、大都市が位置する下流域の責任について議論された。 |
| COP10会期中の市民の発表・交流の場づくり | 「生物多様性交流フェア」（主催：COP10支援実行委員会 | 屋外会場（名古屋国際会議場周辺の白鳥公園と熱田神宮公園）と屋内会場（名古屋学院大学体育館会）があり、屋外会場はブース出展場、屋内会場はフォーラム発表の場として利用された（図7）。 |
| | CBD市民ネット作成ニュース紙『ECO』の発行 | 本会議で議論されている内容を市民社会の視点から要約して日本語版と英語版のニュース誌によって伝えた。 |
| | CBD市民ネット作成『Top 10 issues for COP10（COP10の重要10項目）』 | 市民社会の視点から、COP10で議論されるべき重要10項目を記載した『Top 10 issues for COP10（COP10の重要10項目）』を、COP10開催直前の10月15日に発行して、本会議場内および「生物多様性交流フェア」内にて配布した。 |
| COP10閉会後のフォローアップ・イベント | 「ポストCOP10フォーラム」（主催：COP10支援実行委員会）の「NGOダイアローグ」（2011年1月16日） | 市民団体や市民の今後の連携活動を可能にするために、市民団体間の対話の場を設定したのである。 |

み、市民団体の参加を支援することになった。

　他方、市民団体も COP10 に大きな関心を示した。世界中から名古屋に集結する NGO を受け入れるためのホスト NGO として、「CBD 市民ネット」が発足した。その中心になったのは、国際自然保護連合日本委員会（IUCN-J）や日本自然保護協会と、伊勢三河湾流域ネットワークや藤前干潟を守る会などの開催地 NPO であった。中部 ESD 拠点からは、「ESD（市民）推進会議」のメンバーが参加した。

　市民団体の組織化は、生物多様性条約の国内担当省庁である環境省や、COP10支援実行委員会からも歓迎された。CBD 市民ネットの活動目的の一つ「多様な主体の参加を拡大する基盤づくりや交流」が政府および COP10 支援実行委員会のねらいと合致したためだった（藤田, 2016）。環境省と上記の全国規模 NGO には長年にわたる相互の信頼関係もあった。

　CBD 市民ネットは、COP10支援実行委員会と連携し、経済的な支援も受けながらさまざまな活動を展開した（表7）。その中で、市民参加にとって重要だったのは、次の2活動だった。

43

## 市民対話フォーラム

　一つは、NGO/NPO の対話の場が COP10 支援実行委員会の支援のもとに実現したことである。そこには、COP10 支援実行委員会の関係者も参加したため、COP10 支援実行委員会にとって、市民が何を課題として考え、何を求めているかを知る場ともなった。

　COP10 開催前には、3回の市民対話のフォーラムを開催した。そのうちの一つ「生命流域シンポジウム in 王滝村」は、河川流域の包括的な持続可能性を考える機会となった。その中心課題は、「藤前干潟を守る会」名誉理事長の辻淳夫氏が提言した「生命流域の生物多様性保全」だった。「生命流域」とは、上流域から下流域・沿岸域に流れる水と生命の循環をさす。木曽川最上流、御嶽山のふもとの王滝村でシンポジウムを開催することにより、下流の名古屋に暮らす参加者が「生命流域」の上下流のつながりを考えた。そこでは、下流の大都市が木曽川の恩恵をうけて発展する一方で、上流域の森林は荒れ果てて地域が衰退しているという流域内の「南北問題」が指摘された。

　このシンポジウムには、名古屋市の河村たかし市長がパネリストとして参加し、名古屋市の上流域に対する責任を問う市民の意見を聞き、対話した。近年、森林保全のための森林環境税の導入が日本政府内で検討されているが、これは、「生命流域論」にも対応した考え方である。

　また、CBD 市民ネットは「国連生物多様性の 10 年」計画に関する議論も進めた。CBD 市民ネットと国際自然保護連合日本委員会の提案を受けた日本政府は、COP10 でこれを提案し、実現に至った。

　COP10 の市民参加は、政策提言によって国際的な行動計画をも実現させたのである。


## 「生物多様性交流フェア」

　CBD 市民ネットは会期中の併催イベント「生物多様性交流フェア」においても、市民参加事業の中心的役割を担った。COP10 会場周辺に設置された「生物多様性交流フェア」の運営の一部を、COP10 支援実行委員会から委託されたのである。その事業費は、2,000 万円近い規模であった（藤田, 2016）。CBD 市民ネットは、この場を多数の市民団体に提供し、市民参加事業を大いにもりあげた。それは、市民の参加のフェーズでいう「形式参加」を超えた「市民権力」がある程度認められた状態だった。

「生物多様性交流フェア」には、屋外会場（名古屋国際会議場周辺の白鳥公園と熱田神宮公園）と屋内会場（名古屋学院大学体育館会）があり、屋外会場はブース出展場、屋内会場はフォーラム発表の場として利用された（図6）。その来場者数は、会期中を通して約12万人であった。

「生物多様性交流フェア」のフォーラム会場と名古屋国際会議所に近い白鳥公園会場におけるブース展示やフォーラムには、日本語に加えて最低限の英語の表記および使用が求められた。これにより、諸国参加者にも、市民団体、企業、大学などによる多彩な生物多様性保全活動が紹介できた。

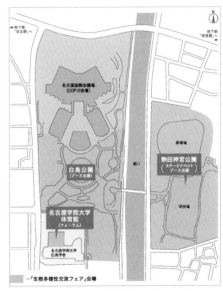

図6　COP10のサイドイベントの会場図

## 2. 生物多様性条約 COP10における中部 ESD 拠点の活動
### 3種の活動形態

生物多様性条約 COP10における中部 ESD 拠点の活動は、①併催イベント「生物多様性交流フェア」内でのフォーラムとブース出展、②対話活動、③公式サイド・イベントへの参加・協力、の三つの方法で実施された。

①「フォーラム開催およびブース出展」は、「生物多様性交流フェア」に団体登録をおこなって中部 ESD 拠点が組織ぐるみで実施した。②「対話活動」は、中部 ESD 拠点の承認を受けて、「ESD（市民）推進会議」メンバー有志によって展開された。③「公式サイド・イベント」は、中部 ESD 拠点のメンバーが個別に国連大学等から依頼を受けて参加した。

これらの活動の中から、ここでは生物多様性に関する対話活動と普及啓発活動に絞って紹介する。

**生物多様性問題の対話活動**

中部 ESD 拠点は、生物多様性問題の本質的な解決を求めてインターネットを使った対話活動を開始した。対話活動を牽引したのは、中部 ESD 拠点運営委員の武者小路公秀氏と羽後静子氏であった。

対話活動では、日本語の SNS サイトと英語の SNS サイトを横断的に繋いだ。この活動は、生物多様性に関する「サイバー対話」と名づけられた。生物多様性問題に取り組む活動家や研究者などに、アジアをはじめ世界諸地域からインターネット上の対話に参加してもらった。その投稿は、武者小路氏を中心に議論の要点が翻訳され、日本語サイトに掲載された。

サイバー対話は、後に中部 ESD 拠点から CBD 市民ネット内にその中心的議論の場が移った。CBD 市民ネットには、生物多様性問題に強い関心を持ったメンバーが多かったためである。

対話活動では、行き過ぎた経済成長主義への反省や、科学知と違った民衆の「暗黙知」を重視すべきといった議論が展開された。

本活動の中心的役割を担った武者小路氏は、対話活動の成果を以下のように評価している。

・サイバー対話活動は、日本人参加者と諸外国の参加者との間における生物多様性条約が取り組む諸問題、とくに生物多様性の急激な減衰の根本原因に関する共通認識の構築に役立った。

・2012 年の第 11 回生物多様性締約国会議まで、日本が生物多様性締約国会議議長である期間中に日本と諸外国の関係市民の対話の継続に貢献する体制を築いた。

・生物多様性条約の基盤となる「哲学」の欠如を指摘し、アジア的な生命観をもとにする「前文」を「ポスト 2010 年戦略計画」に付することを締約国に訴える文章を、生物多様性条約事務局（CBD）のウェブサイト内の「愛知名古屋電子国際会議」に投稿できた。

・生物多様性を激減させて、伝統的なコミュニティーの生活を脅かしている先進工業諸国の市民として、これまでの経済成長のみを志向する政治経済と社会・文化の「成長主義」を反省する「脱成長主義宣言」を議論できた。

中部ESD拠点のサイバー対話ではじまり、CBD市民ネットでの対話活動によって『COP10/MOP開催地住民からのアピール』という提言が作成されるに至った。提言文は、起草者4名と、14の賛同団体、145名の個人の署名をともなってCOP10会場内で発表された（資料②）。

名古屋国際会議場内で記者発表もおこなわれた。記者発表を取材した京都ジャーナル（当時）のデーヴィッド・クビアック（David Kubiak）氏は、この開催地アピールを高く評価して、記者が多く集まらなかった状況を嘆いた。記者会見後に、クビアック氏と立ち話をしたときに、「まだこの宣言の意義を多くの人が理解する時代は来ていない」と言った氏の言葉が印象的であった。

**生物多様性保全の普及啓発活動**
**大型ジグソーパズル「生命誌絵巻」の作成**

ブース出展は、一般市民や出展他団体との貴重な交流の場であった。

中部ESD拠点のブースでは、環境省が掲げたCOP10のキャッチコピー「地球のいのち、つないでいこう」を具体的にイメージできる大型ジグソーパズルをつくることにした。

パズルの画像素材は、筆者が中村桂子氏（JT生命誌研究館館長）の講演会で見た「生命誌絵巻」と名付けられた絵を使うことにした。扇形の図形の中の天の部分に描かれた多種多様な生物種が、扇の要から38億年をかけて進化した過程を示したものである（図7）。生命の多様性が、一種の祖先細胞から進化したものであること、その過程は異なれど、人間も他の生命種も同じ時間と歴史をわかちあっていることが描かれている。

さっそく、JT生命誌研究館に問い合わせて使用許可をいただいた。パズル加工は、インターネットで名

図7 「生命誌絵巻」（提供・協力:JT生命誌研究館）

## 資料② COP10/MOP5開催地住民からのアピール（要約版）

　我々、生物多様性条約第10回締約国会議の開催地である愛知－名古屋の住民は、生命の多様性の急速な減衰の危機に立ち向かっている全世界の人びとに、生命とその多様性を脅かしている万物の商品化、大量生産・大量消費・大量廃棄のグローバル化の流れ、そしてそれを支えてきた近代合理主義の猛省を促す協力をよびかけるものである。

### 1. 開催地：愛知名古屋・伊勢三河湾生命流域圏

　　開催地である愛知名古屋は、世界でもまれなる豊かな環境条件に恵まれた伊勢三河湾生命流域圏に属しているが、行き過ぎた経済成長路線を採用したために、経済成長の「恩恵」に属する下流の都市と、過疎化する川上の限界集落に分断され、生物多様性の危機、「ヒト」の生活文化の危機を迎えている。生命流域で分断されたものを再び結びつけるために、生物資源の適正規模の交易を中心とする農村と大都会、流域圏内外の農業や漁業と商業の連帯、女性と男性がともに担い手となる生活中心の経済の展開を提案する。

### 2. われわれが失いつつあるもの、そしてわれわれが奪ったもの

　　日本は、宝の山である農地、林地を顧みることなく、海外の自然資源に頼ってしまった。OECD諸国の中で、例外的に食、木材の自給率が低い事実をみると胸が痛む。したがって、われわれ日本人が先ずなすべきは、世界の生態系・生物多様性、そしてそれを保持してきた世界の地域住民に対する謝罪である。

### 3. 「グローバリズム」「経済成長主義」とその帰結としての「南北問題」

　　南北問題の解決、生命流域の再生、ジェンダー平等、生態系の回復をめざすためには、生命の多様性を守っている生存経済をもう一度見直し、再評価すべきである。

　　同時にグローバル化する市場経済ではなく、地域で循環する市場経済と「生存経済」の共存の道を模索するべきである。

### 4. 誰が生物多様性を守ってきたか、そして誰が守るべきか

　　生物多様性の最大のステークホルダーが地域住民とするならば、生物多様性の保持は、「補完性の原則」に則って行われるべきである。自治体、国家、企業などは、生物多様性保持に関する二次的ステークホルダーであり、地域住民の保持活動を補完するセクターとして徹するべきである。生物多様性の主役はあくまでも地域住民であり、国家や国際社会はわき役に徹するべきである。

### 5. 生命とその多様性を守るべき「哲学」とは何か

　　日本における里山生態系は、ヒトと祖先、そして地域の神々によって守られてきた。今、こうした地域コミュニティ、地域の生態系を共有財産として持続的に管理してきたガバナンスである「コモンズ」は世界的に消滅の危機に瀕している。

　　開催地住民として、先住民族と伝統的ローカル・コミュニティはじめ、アジア、アフリカ、ラテンアメリカの人びととともに、もう一度「自然とともに生きる知恵」を取り戻すために連帯を呼び掛けたい。

（編者：武者小路公秀、駒宮博男、大沼淳一、羽後静子）

古屋市内のパズル製作業者をみつけた。社長は、愛・地球博のボランティア経験者であったため、持続可能性や生物多様性の意義はすぐに理解してもらえた。生命誌絵巻の画像データを4分割して、A1サイズを4枚印刷する方法で巨大パズルを制作してくれた。

パズルの効果はてきめんだった。ブース内には、ゴザを敷いて和風のテーブル

写真2　ブース内でパズルに取り組む外国人参加者

を置き、そこで来場者にパズルを楽しんでもらった。会期前半には、近所の住民や親子連れをはじめ、時間を持て余した他団体のブース出展者がパズルに取り組んだ。こうした人びとがパズルに手を動かしている間に、ESDの説明をしたり、他団体の活動内容を聞くなどして交流を進めた。COP10が開催された会期後半には、各国代表の外国人も足を止めて、日本式のゴザに座り込んだ（写真2）。マスコミの取材も受けるようになり、交流の場づくりと普及啓発促進の当初目的を果たした。

### 里山弁当に込めた伊勢・三河湾流域の自然の恵み

筆者は風変わりな活動協力もおこなうことになった。それは、日本政府が推進する「里山イニシアティブ」のサイド・イベントで参加者に提供する300食分の弁当の企画依頼であった。依頼主は、国連大学でRCEを担当していた元環境省職員で、当時は国連大学で里山イニシアティブも担当していた。

中部ESD拠点では、交流会などで、伊勢・三河湾流域圏の食材を使った料理を味わうことで地域の持続可能性について考えるという取り組みをおこなっている。そのため、この依頼は、中部ESD拠点の流域思想を反映させる絶好の機会だと捉えた。

基本コンセプトは、伊勢・三河湾流域圏内の食材を使うこととして、名前を「里山弁当」と名付けた。弁当の作成は、名鉄ニューグランドホテルの服

部信二料理長が担当してくださった。おにぎりを中心に、竹皮で包めるくらいのおかずを入れてもらうことにして見積もりを出してもらった。

　食材だけでなく、割り箸や竹皮、おかずを盛り付ける竹筒も地産地消にこだわった。割り箸は、庄内川流域の間伐材で割り箸を作って販売している環境団体から仕入れた。

　しかし米だけは、福井県の「コウノトリ呼び戻す農法米」が提供してもらえることが以前から決まっていたため、伊勢・三河湾流域から若干離れた米の使用となった。福井県越前市の里山でコウノトリなどの多様な生物と共生できる環境づくりをめざした無農薬の農法による米である。米提供に尽力なさった越前市エコビレッジ交流センターの長野義春氏からは、里山弁当の企画立案でさまざまな助言をいただいた。

　食材や食器の由来を説明するメニューも筆者がデザインして、美濃和紙に印刷した。同年に開催された上海万博の中国パビリオンで見た巻物をモチーフにした巨大な展示を思い出して、メニューは折り曲げずに巻いて、紐状にした竹皮で縛った。300本の竹紐を作るのは結構な手間がかかったが、ブース出展中に手が空いた国連大学職員の助けも借りて、文字通り腕によりをかけた竹紐製作を終えることができた。

　サイド・イベント当日、無料配布した300個の里山弁当は瞬時に配布終了となった（写真3、4）。筆者の知人の多くは食べ損なったと嘆いた。また、テレビ局や新聞各紙が里山弁当をこぞって取り上げた。

　弁当の廃棄物は、すべて自然由来の物なので、回収して里山の自然に戻す旨をメニューに書き込んだ。終了後には、ゴミを学生とともに車で運び、守山区志段味の再開発計画が進む里地にある野田農場の敷地内に埋めた。こう

写真3　里山弁当を受け取る外国人参加者

写真4　里山弁当

してサイドイベントの弁当は、流域圏の自然の恵みと市民団体の保全活動を物語るツールとしての役割を果たした。

# 6章　ESD の推進モデルづくり

　2011年9月に、「ESD の10年」の最終年会合である「ESD に関するユネスコ世界会議（2014年11月）」（以降、ESD ユネスコ世界会議と呼ぶ）が名古屋市で開催されることが決まった。この決定は、中部 ESD 拠点の歴史の中でもっとも大きな出来事であった。にわかに中部 ESD 拠点は、ESD ユネスコ世界会議開催地を代表する ESD 拠点となったのである。

　活動推進の外部資金獲得に向けた申請書に、「ESD ユネスコ世界会議の開催地として」という文言を加えた結果、それまでに獲得が思うようにできなかった年間300〜500万円規模の助成金を、2012年以降は定常的に受けることができるようになった。

## 1.「ESD ユネスコ世界会議」開催地 ESD モデルづくり

### 5つの分科会活動

　中部 ESD 拠点では、ESD ユネスコ世界会議の開催地から ESD の推進モデルを提言することを目的とした「中部 ESD 拠点2014年プロジェクト」を立ち上げた。プロジェクトは、地球環境基金の助成を受けて、2012年から2014年までの3年計画で実施した。その間、中部 ESD 拠点の運営体制強化のため、運営委員会に4名の新たな専門委員を招いた。国際担当委員の武藤一郎氏（元外務省職員）、企業担当委員の西宮洋氏（会社員、元環境省職員）、教育担当委員の宮川秀俊氏（愛知教育大学教授〔当時〕）、研究担当委員の久里徳泰氏（富山県立大学教授〔当時〕）である。

　「2014年プロジェクト」では、新たな運営委員も中心となって、三つのセクター別分科会と、二つのテーマ別分科会をたちあげた。5つの分科会の名称と活動概要は以下のとおりである。

【セクター別分科会】
（1）「企業と NPO」分科会：企業における ESD の推進方法を検討するため、

企業の社会的責任（Corporate Social Responsibility: CSR）を中心に、ESD
との関連について考えるワークショップを連続開催した。

(2)「学校教育と地域」分科会：高校生のESD活動発表会への支援や、地域の
NPOの意見交換会を連続開催した。それぞれの場における固有なESDの
推進方法を検討した。それまでにアプローチが遅れていた学校教育や企業
との関わりを強化する努力をした。

(3)「高等教育」分科会：大学生を対象に地域の持続可能性指標を学ぶための
教材の開発をおこない、複数の大学で試験的に教材を利用した演習をおこ
なった。

【テーマ別分科会】

(4)「国際協力」分科会：途上国におけるBOP（Base of the Economic Pyramid）
ビジネスや、水環境の改善などに関する学びをおこなった。BOPとは、所
得階層の三角形（ミラミッド）の底辺を占める多くの低所得者層をさす。
近年、国際協力では開発途上国の住民自らの手による低所得者層向けの商
品開発をおこなうための支援が広がっている。

(5)「伝統知」分科会：衣食住に関する環境配慮型の伝統知について学習を進
めた。


## 「流域圏ESDモデル」の構築

プロジェクト3年目の2014年に入ると、同年11月のESDユネスコ世界会
議を控え、中部ESD拠点の活動はさらに加速した。特に、それまでに実施
してきた5つの分科会活動の成果を統合して「流域圏ESDモデル」の構築を
めざした。

まず、モデルのキャッチコピーを検討して、「みずから育む、ものづくり、ひ
とづくり、未来づくり」とした（図8）。水に象徴される伊勢・三河湾流域圏
の豊かな自然資源を基盤に、それらによって育まれた文化や伝統的な知恵を
再評価する必要性を訴え、そのうえに、ものづくり、ひとづくり、未来づく
りが実現するという趣旨のESDモデルを構築する案であった（古澤, 2015）。

そして、最後に、「流域圏ESDモデル」のとりまとめを目的として、3回
の連続ワークショップを開催した。ワークショップでは、各回の主題をそれ
ぞれ「ものづくり」、「ひとづくり」、「未来づくり」と設定し、伊勢・三河湾
流域圏における関連課題とその解決に向けたESDの手法を文書にまとめた。

こうして、ESDユネスコ世界会議の開催地モデルとしての「流域圏(生命地域)ESDモデル」(資料③)は完成した(古澤・影浦〔編〕,2015)。

プロジェクトの開始から3年間で、中部ESD拠点が実施した会合は、すべてあわせると198回を数え、参加者数は延べ人数で約1万人に迫った(表8)。

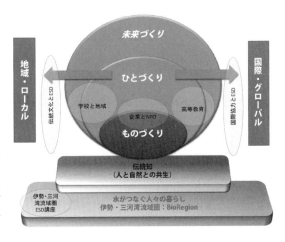

図8　東海・中部地域における流域圏ESDモデルの推進構造

## 2. ESD地域拠点(RCE)の国際会議における流域圏モデルの情報発信
### RCEネットワークの情報交換

中部ESD拠点が進めたESDのモデルづくりは、国連大学が開催するRCEの国際会議(国際的地域間会議)において、随時、経過報告と意見交換をおこ

表8　流域圏ESDモデル構築に関連する会合

| 名前 | 内容 | 回数 | 延べ人数 |
|---|---|---|---|
| 伊勢三河湾ESD流域圏講座 | セミナー (2012:12回, 2013:12回, 2014:12 | 108 | 7560 |
| 中部ESDワークショップ | ワークショップ (2014:3回 8/2,9/27,10/5) | 3 | 240 |
| ESDモデル検討委員会 | 会議 (2013:12/27～2014:7/11) . | 7 | 56 |
| 中部ESD拠点2014年プロジェクトキックオフ | ワークショップ (2014:7/7) | 1 | 100 |
| 企業とNPO　(第1分科会) | ワークショップ (2012:12/12, 2013:1/26,10/17 ,11/14,12/12) | 5 | 200 |
| 学校教育と地域 (第2分科会) | 愛知県ユネスコスクール交流発表会(2014:1/21)<br>高校生コンソーシアムin愛知 | 4 | 360 |
| 高等教育(第3分科会) | 専門会議 (2012 : 10/22,12/25, 2013 : 1/22) | 3 | 36 |
| 国際協力とESD (第4分科会) | ワークショップ (2013 : 9/26,11/14,12/17, 2014 : 9/28) | 4 | 160 |
| 伝統文化とESD (第5分科会) | ワークショップ (2012年:3/26, 2013年:7/30,11/11, 2014年:1/15,2/28)<br>モデル検討会 (1回) | 5 | 250 |
| 中部ESD拠点Day (中部ESD拠点総会) | 総会・イベント (6回～8回) | 3 | 240 |
| 中部ESD拠点運営委員会 | 会議(43回～68回) | 26 | 312 |
| 2014年プロジェクトHP編集委員会 | 会議 (3回) | 3 | 18 |
| 2014年プロジェクト事務局会議 | 会議 (2012 : 8回,2013 : 10回,2014 : 8回) | 26 | 208 |
| | 合計 | 198 | 9740 |

持続可能な発展への挑戦

---

### 資料③ 「流域圏（生命地域）ESD モデル」（抜粋）

**（1）理念**

　このモデルは、生命地域である流域圏の自然の豊かさと地域知・伝統知を再認識し、それを最大限に利用・保全する「ものづくり」を基礎として、世界における生命地域とその中にある人びとの暮らしや文化の多様性を理解し、課題解決できる「ひとづくり」を行い、ローカル・グローバルに協働する「未来づくり」のための ESD モデルである。

**（2）流域圏 ESD モデルの３階層**

　①ものづくり（Mono-Zukuri）

　　東海・中部地域における近代的生産活動（工業生産）は、当該生命地域の自然が育む伝統知が形を変えて受け継がれ、固有の「ものづくり」の精神を生み出している。

　②ひとづくり（Hito-Zukuri）

　　地域における固有の課題を解決するために、生命地域の豊かさを再認識し、その豊かさを最大限に利用し保全する人間の育成（ひとづくり）こそが、真の「生きる力」を育むことである。

　③未来づくり（Mirai-Zukuri）

　　自らの生命地域における固有の持続可能性にコミットできる人間が、他の生命地域における持続可能な社会づくりにコミットする人間とグローバルに連帯することができる。

**（3）流域圏 ESD モデルを支える基盤**

　①生命地域としての流域圏

　　人間社会は、地域の集合体であり、生命圏（Biosphere）は、生命地域（Bioregion）の集合体である。特定の生命地域における人間存在の持続可能性を、その生命地域のあらゆる資源の許容量（生命生産力 Biocapacity）から捉えなおし、グローバルな社会・経済活動の持続可能性を追求する。

　②地域知・伝統知

　　生命地域における生産活動（林業、農業、漁業、工業）の中には、歴史的に自然との共生原理が伝統知として蓄積されていると仮定し、地域の伝統文化の中に持続可能な発展のための知恵を見出す。

---

なった。

　RCE は、地域内の持続可能性を高めるための多様な主体の連携組織であるとともに、国境を越えたグローバルな地域間ネットワークだ。RCE の利点は、

第 2 部

表9　RCE グローバル会議の開催地

| 回数 | 開催年 | 開催国 | 開催地 | 開催RCE名 |
|------|--------|--------|--------|-----------|
| 第1回 | 2006 | 日本 | 横浜市 | RCE横浜 |
| 第2回 | 2007 | マレーシア | ペナン | RCEペナン |
| 第3回 | 2008 | スペイン | バルセロナ | RCEバルセロナ |
| 第4回 | 2009 | カナダ | モントリオール | RCEモントリオール |
| 第5回 | 2010 | ブラジル | クリチバ | RCEクリチバ |
| 第6回 | 2011 | オランダ | ケルクラーデ | RCEライン＝ムース |
| 第7回 | 2012 | 韓国 | トンヨン | RCEトンヨン |
| 第8回 | 2013 | ケニヤ | ナイロビ | RCEナイロビ広域 |
| 第9回 | 2014 | 日本 | 岡山市 | RCE岡山 |
| 第10回 | 2016 | インドネシア | ジョグジャカルタ | RCEジョグジャカルタ |

ローカルな ESD の取り組みについて、グローバルな他地域の人びとと直接
情報や意見交換ができる仕組みにある。それを可能にする RCE の国際会議
には、グローバル RCE 会議と大陸別 RCE 会議の2種類がある。

**RCE の世界会議**

　グローバル RCE 会議は、世界中の RCE が参加することができる RCE の
世界会議である。2006年に横浜で開催された第1回会合から、2017年現在ま
でに合計10回開催されている（表9）。

　グローバル RCE 会議では、おもに4つのテーマが論じられる。

① ESD および RCE の国際的動向：国連大学による RCE の動向およびユネスコ
　や国連環境計画（UNDP）などの国連機関からの持続可能な発展に関する情報
　提供
② RCE 活動の情報共有と意見交換：各 RCE の活動成果および RCE 間の連携活
　動の報告や提案
③ RCE の大陸別会議：アジア太平洋、南北アメリカ、ヨーロッパ、アフリカの
　大陸別分科会の開催
④ テーマ別分科会：持続可能な生産と消費（Sustainable Consumption and
　Production）、生物多様性と伝統知（Biodiversity and Traditional Knowledge）、
　気候変動（Climate Change）、若者（Youth）、高等教育（Higher Education）

のテーマ別ワークショップの開催

　また、ポスター展示があり、各RCEが情報発信をおこなっている。

　中部ESD拠点は、2008年以降、毎年RCEグローバル会議に参加して、流域圏を基盤としたESD活動の報告をおこなってきた。初参加した2008年のバルセロナ会議では、流域圏を対象地域とした中部ESD拠点のポスター展示が優秀ポスター賞を受賞した。2009年のモントリオール会議では、翌年に名古屋で開催された生物多様性条約COP10にあわせて実施した「サイバー対話」事業への参加を呼び掛けた。また、「ESDの10年」最終年の2014年に開催された岡山会議では、ESDの推進手法としての「流域圏ESDモデル」を発表した。

　このように、ESD地域拠点活動は、RCEの国際的地域間会議への参加を通して、地域内に閉じることのないグローバルな地域間の情報交換をおこなうことができている。


### アジア太平洋RCE会議

　他方、RCEの大陸別会議は、アジア太平洋地域会議、ヨーロッパ大陸会議、アメリカ大陸会議、アフリカ大陸会議の4種に分かれる。

　中部ESD拠点は、インドのデリーで開催された初回会議（2008年）以降、毎年、アジア太平洋RCE会議に参加している（表10）。2015年にフィリピンで開催された会議での流域圏ESDモデル報告は、優秀プレゼンテーション賞を受賞した。自然環境による区域である流域圏の視点から地域の持続可能性を問い直すという独自の考え方は、他国のRCEからも関心をもたれるようになった。


## 3.「持続可能な発展」へのRCEの貢献

　本章の終わりに、ESDの発展に対するRCEの功績について述べておきたい。国連大学によるRCEの取り組みは、三つの点で高く評価できる。

　第一に、世界各地のESD活動主体がRCE国際会議を通じて一堂に会し、対面交流ができる点である。対面交流による情報交換を通して、世界中のRCEの自然環境や文化の多様性を知ることができる。また、我々が提唱した「流域圏（生命地域）ESDモデル」のようなESDの推進手法に関するさまざ

表10　RCE アジア太平洋会議の開催地

| 回数 | 開催年 | 開催国 | 開催地 | 開催RCE名 |
|---|---|---|---|---|
| 第1回 | 2008 | インド | ニューデリー | RCEデリー |
| 第2回 | 2009 | 韓国 | トンヨン | RCEトンヨン |
| 第3回 | 2010 | インドネシア | ジョグジャカルタ | RCEジョグジャカルタ |
| 第4回 | 2011 | タイ | チャアム | RCEチャアム |
| 第5回 | 2012 | インドネシア | バリクパパン | RCE東カリマンタン |
| 第6回 | 2013 | 日本 | 北九州市 | RCE北九州市 |
| 第7回 | 2014 | マレーシア | ペナン | RCEペナン |
| 第8回 | 2015 | フィリピン | セブ | RCEセブ |
| 第9回 | 2016 | タイ | チャアム | RCEチャアム |
| 第10回 | 2017 | インド | ニューデリー | RCEデリー |

まなアイデアを相互に学ぶこともできている。

　RCE の国際会議の開催費用は国連大学サステイナビリティ高等研究所が負担している。その原資は、日本の環境省が国連大学に対しておこなっている経済的支援、つまり日本国民の税金である。国連大学は、日本政府からの拠出金を使って、RCE 事務局（グローバル RCE サービスセンター）の運営、グローバル会議と大陸別会議の開催資金および旅費の支援をおこなっている。旅費支援を受けることができる対象者は、開発途上国の RCE メンバーに限定されているとはいえ、こうした支援なしにグローバルな連帯感の醸成はなしえない。

　第二に、RCE は国や地方自治体から独立した自立的・持続的なネットワークとして維持発展している点である。

　国連大学は、基本的に、各 RCE に活動資金の支援をおこなわない。これは、一見すると地域の活動団体にとってメリットのない仕組みのようにも思える。筆者が RCE 会議に参加しはじめた当初は、国連大学から経済的支援がないことに対する RCE メンバーの不満を聞くことがあった。

　しかし、近年では、経済的支援の不在が RCE を持続可能にしたという言葉をよく聞くようになった。経済的支援がないことで、結果的には、それぞれの RCE が補助金依存体質ではない自立したネットワークを発展させているからである。

　第三に、RCE には異なる立場や分野の専門家が集う多様な主体（マルチ・ステークホルダー）のネットワークであるという点である。日本国内の RCE

を例にとっても、その幹事機関は大学である場合と市役所などの行政機関である場合とがある。RCEの国際会議参加者も、筆者のような大学人もいれば、行政官、NGOメンバーなど多種多彩である。そして、それぞれの人びとが地域のESDに取り組む活動主体であり、「専門家」なのである。RCEにおいては、大学や行政機関が市民活動を支援するという構図ではなく、それぞれが地域の持続可能性を実現するための対等なプレーヤーとして、ESD活動が展開されている。

　以上の評価は、RCE活動に携わる筆者がひいき目に見た感想に聞こえるかもしれないが、世界中に同様の評価をするリーダーが増えていることは、日本にとって誇るべき成果であるだけではなく、昨今ますます世界中で注目を集めるサステナビリティの分野における貴重なパートナーを得ていることに他ならない。

　RCEのネットワークによって培われた人的ネットワークは、のちのESDユネスコ世界会議（2014年）において大いに筆者の助けにもなった。また、2030年までに達成をめざす国連持続可能な開発目標（SDGs）に対するRCEの貢献も今後さらに期待が高まるだろう。

第3部

# 第3部
# 「ESDユネスコ世界会議」(2014年)

## 7章 「ESDユネスコ世界会議」の誘致と準備

　「ESDの10年」計画とは、人類文明を破滅の危機から救い持続可能な発展を可能にするために、その教育普及を地球規模で展開した国連の活動だった。愛知県では、持続可能な発展に関連する世界的に重要な国際催事を、10年間に3回もおこなうこととなった。10年計画のはじまる2005年には愛・地球博を、中間の2010年には生物多様性条約COP10を、そして最終年にあたる2014年にはESDユネスコ世界会議を開催することになった。

　大村秀章愛知県知事は、この三つの大型国際催事を、持続可能な人類社会づくりに向けた「ホップ、ステップ、ジャンプ」だと表現し、その重要性を県民に訴えたが、これは県民にとってのみならず、地球人類社会全体にとっての「ホップ、ステップ、ジャンプ」となるべき国際催事だった。

　中部ESD拠点は、ESDユネスコ世界会議に誘致段階から積極的に関わった。誘致決定後には、市民を含むさまざまなESD実践者が交流できる場づくりを検討した。その間、筆者は開催地の支援組織事務局と対立することもあった。この対立はしかし、個人的なものでなく、愛・地球博のときからあった構造的な対立であった、というべきであろう。

　誘致から開催までの約3年間を振り返る。

### 1.「ESDユネスコ世界会議」の愛知県・名古屋市への誘致活動
#### 誘致活動の開始

　2014年の「ESDの10年」の最終年を締めくくる重要な会議(最終年会合)は、どのような経緯で名古屋で開催されるに至ったのだろうか。

　2009年にドイツのボンで「ESDの10年」の中間年会合が開催された。中間年会合の場で、2014年の「ESDの10年」最終年会合が日本で開催されることが決まった。これを受けて、2011年6月に日本政府(文部科学省)は、全

国の都道府県および政令指定都市に開催地の公募をだした。愛知県は産業労働部観光コンベンション課を中心に、名古屋市と共同して誘致合戦に参戦することをきめた。

当時、ESD のネットワーク団体としてこの地域で本格的な活動を展開していたのは中部 ESD 拠点のみであった。愛知県庁からさっそく、中部 ESD 拠点代表である中部大学の飯吉厚夫総長に、誘致活動への協力要請があった。ESD ユネスコ世界会議の誘致には、愛知県名古屋市の連合体や岡山市を含む全国7つの地方自治体が手を挙げた。

愛知県は、2011年1月に誘致委員会準備会を、同年4月には誘致委員会を発足させた。委員会の構成メンバーは、愛知県、名古屋市、名古屋商工会議所、中部経済連合会、愛知学長懇話会、中部 ESD 拠点の6者であった。

### 「開催提案書」の作成

誘致委員会では、日本政府（文部科学省）に対する「開催提案書」の作成を急いだ。筆者は、ESD ユネスコ世界会議を契機として開催地で展開されるであろう ESD 活動案の作成に関わった。この案は、愛知県庁産業労働部の誘致担当者をはじめ、環境部職員、環境活動家、筆者の数名で検討した。

まず、以下のように ESD の推進理念を書きこんだ。「愛知・名古屋では、最終年会合の誘致を契機とし、〈環境〉〈経済〉〈社会〉の各分野の統合を通じて、持続可能な社会の実現をめざすとともに、それを担う人材の育成に取り組みます」（愛知県・名古屋市, 2011）。

次に、検討の中で大きな議論となったのは、ESD ユネスコ世界会議終了後の開催地における具体的な ESD の推進計画である。とりわけ、その中心的役割を担う推進母体をどうするかという問題であった。ESD ユネスコ世界会議開催後、愛知県内に新たな ESD の推進ネットワークを設立するのか、あるいは既存のネットワーク、つまり中部 ESD 拠点を強化するのかという議論であった。

検討の末、「愛知県庁や名古屋市役所を含む多様な主体が加盟している中部 ESD 拠点がすでに存在するのに、あらたに県独自の組織をつくることで“屋上屋を重ねる”必要は無い」という結論に達した。それによって、中部 ESD 拠点を核とする「ESD 推進構想（仮称）」を推進することを「開催提案書」に記載した。その内容は以下の通りである。

第3部

「中部 ESD 拠点」を中心とする推進体制の下に、「ESD 推進構想（仮称）」を策定し、地域全体で ESD の推進を図ります。

(1) 地域における推進体制の強化
○愛知・名古屋のポテンシャルを活かす〈統合〉は、産・学・NPO・行政の協働によって可能となります。
○各主体による協働を促進し、世界をリードする ESD を実践していくため、「中部 ESD 拠点」の機能やネットワークを拡充し、推進体制の中核とします。
(2) 「ESD 推進構想（仮称）」やロードマップの策定
○強化した体制において、「ESD 推進構想（仮称）」や、達成年に向けたロードマップを作成します。
○同構想の策定に当たっては、最終年会合を新たなスタートと設定し、「ESD の 10 年」後の、次の 10 年を視野に入れ、愛知・名古屋の教育の基盤に ESD が位置付けられるよう、ユネスコスクールの増加や、環境教育を始めとする ESD の充実を図る施策などを展開します。

（愛知県・名古屋市, 2002）

## 2. 誘致決定と状況の変化
### ESD 支援実行委員会の設立
　2011 年 9 月、誘致活動の結果、「ESD の 10 年」最終年会合（本会合）の開催地が愛知県・名古屋市に決まった。また、同会議の「ステークホルダー会合」が岡山市で開催されることとなった。このステークホルダーとは、ESD 活動推進者としての学校関係者、研究者、民間企業、NGO/NPO、市民をさす。
　愛知県庁では、国際会議の誘致完了にともない、ESD ユネスコ世界会議主管は、産業労働部から環境部に移った。
　2012 年 5 月には、正式に ESD ユネスコ世界会議あいち・なごや支援実行委員会（以下、ESD 支援実行委員会とする）が発足した。誘致委員会に参加した団体に加えて、中央省庁や国際機関関係者も名を連ねた。中部 ESD 拠点協議会も引き続き組織に参画して、飯吉厚夫代表が支援実行委員会の委員に、事務局長の筆者が同委員会幹事に就任した（図9）。
　愛知県庁東大手庁舎に置かれた ESD 支援実行委員会事務局には、愛知県教育委員会や名古屋市役所などから新たな担当者が配属された。

持続可能な発展への挑戦

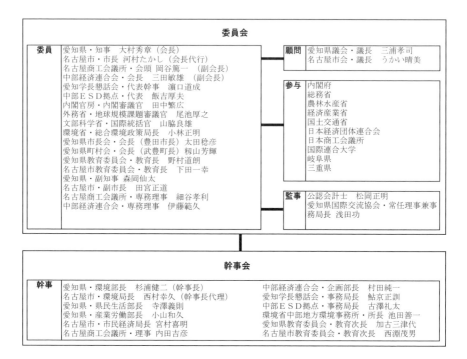

図9　ESD支援実行委員会組織図

**信頼関係構築の難しさ**

　誘致も成功し、いよいよ国際会議に向けて、中部ESD拠点の活動にも勢いが増した。生物多様性COP10で得た経験を基に、いくつもの提案ができるとの期待も高まった。地域で作り上げてきた流域圏モデルの発表もさることながら、世界100以上のRCEをはじめとするNGOなどとESDユネスコ世界会議を通してどのような交流ができるかということについても、中部ESD拠点運営委員会で議論をはじめた。しかし、その期待はのちに失望へと変わっていく。

　ESDユネスコ世界会議の開催決定後、ESD支援実行委員会事務局の職員が中部ESD拠点のイベントや会議に顔をだすようになった。しかし、開催地のESDモデルを構築すべく、試行錯誤を繰り返していた我々の活動は、

ESD 支援実行委員会の事務局員からさほど高い評価を受けなかった。

中部 ESD 拠点の会議やイベントでは、多様な価値観を持った中部 ESD 拠点運営委員や参加者が、予定調和的ではなく、本音でぶつかり合うことがしばしばあった。中部 ESD 拠点は、行政機関が好む「市民の代表性が高い」ネットワーク組織として認識されにくかったのだろう。

中部 ESD 拠点への情報提供や相談は徐々に減っていった。折に触れて、愛知県職員から中部 ESD 拠点事務局長の筆者に問い合わせがあった誘致段階と、状況は大きく変わり始めていた。

### まぼろしとなった「ESD 推進構想（仮称）」

ESD ユネスコ世界会議の誘致が決まった翌年2013年3月に、ESD 支援実行委員会は同会議の「開催支援計画」を発表した。しかしそこには、日本政府に提出した「開催提案書」に書かれていた、中部 ESD 拠点を中心とする愛知県の「ESD 推進構想（仮称）」の記述がなくなっていた。

文章には、「今回の世界会議の開催を契機に、さらに発展・拡充させることで、『持続可能な社会づくり』に向けた取組を進めていきます」との文言はあるものの、その内容は、各団体の活動紹介を並べただけのものになってしまっていたのである（ESD 支援実行委員会 , 2013）。

筆者は、ESD 支援実行委員会の幹事であったため、この「開催支援計画」の策定にも名義上参加したことになる。それゆえに、支援計画に ESD ユネスコ世界会議後の具体的な活動方針を策定できなかったことの責任の一端が筆者にもあることは反省しなければならない。

しかし、幹事会議前に ESD 支援実行委員会事務局から送られてくる資料に対して電話等で意見を伝えても、内容の大きな変更を検討する余地はほとんど残されていなかった。また、そうであるならば、より早い段階で、積極的に同事務局に働きかける必要があった。しかし、筆者の経験不足と、同事務局との信頼関係の不在からそうした状況は生み出せなかった。

筆者の認識も甘かった。世界会議終了後の ESD の進め方は、ESD ユネスコ世界会議の成果をふまえて、さらなる議論が展開されるものだと期待していた。しかし、ESD 支援実行委員会は ESD ユネスコ世界会議の「開催支援」を目的とした時限的な組織であるために、同会議終了後の愛知県および名古屋市の取り組みについて、具体的な計画を検討することは難しいというのが

ESD 支援実行委員会事務局の考えであった。

それゆえ、世界会議後の ESD 推進計画は検討されることなく、ESD ユネスコ世界会議終了後に ESD 支援実行委員会は解散した。そして、誘致段階で日本政府への提案として明記した、中部 ESD 拠点を中心とした開催地における「ESD 推進構想（仮称）」はまぼろしとなった。

### ユネスコスクール支援と「あいちサスティナ研究所」

日本政府に提出した「開催計画書」の「ESD 推進構想（仮称）」計画のうち、ESD ユネスコ世界会議後に実現したのはわずか二つであった。

一つは、愛知県教育委員会が設置した「ユネスコスクール支援会議」の取り組みである。ユネスコスクールとは、ユネスコ憲章の理念（平和の実現等）を実現するための活動をおこなうことを宣言することで、ユネスコからユネスコスクールとしての認定を受けた学校等の教育機関をさす。現在、世界180 カ国以上の国・地域に 11,000 校以上のユネスコスクールがある。

文部科学省は、ユネスコスクールを ESD の推進拠点として位置付けて、ESD ユネスコ世界会議に向けて全国でその数を増やした。日本国内の加盟校数は 1,116 校（2018 年 10 月時点）となり、世界最多の加盟数となった（文部科学省 . mOnline3）。

もう一つの施策は、愛知県環境部による大学生と企業の連携を促す ESD 活動「かがやけ☆あいちサスティナ研究所」事業である。企業が課題を提示して、大学生チームが商品開発やサービスの案を提示する模擬研究所である。

## 3. 市民参加への期待と失望

### 併催イベントの会場計画

ESD ユネスコ世界会議の開催に向けて、中部 ESD 拠点関係者を失望させたもう一つの要素が会場計画であった。

中部 ESD 拠点関係者は、市民が自由に参加できる併催イベントが、生物多様性条約 COP10 同様に、本会場の名古屋国際会議場周辺で開催されることを期待していた。

しかし、ESD 支援実行委員会事務局は当初、併催イベント会場を名古屋国際会議場周辺には設置しない方針であった。COP10 とくらべて会期が三日間と短く、また平日であることが主な理由だという。併催イベントは、名古屋

国際会議場から約6キロメートル離れた栄地区と約30キロメートル離れた長久手市の愛・地球博記念公園の二カ所で、世界会議前の週末に開催する計画が立てられていた。

　中部ESD拠点メンバーには、市民参加が広く受け入れられて国際的な提案や情報発信をおこなった生物多様性COP10の経験を持つものが多かったため、この行政判断に大いに失望した。

　筆者は、ESD支援実行委員会幹事会において、名古屋国際会議場周辺もしくは会議場内で併催イベントを開催することを求めた。しかし、会場計画については、ユネスコおよび文部科学省の意向が重要との理由から、ESD支援実行委員会事務局から具体的な対応策について意見を聞くことはできなかった。

　そうなると、ユネスコ本部の意向も知る必要があった。ある情報によると、ユネスコは、岡山でステークホルダー会合が開催されるため、名古屋国際会議場では本会合のみを実施する方向で検討を進めていた。

　そこで、中部ESD拠点運営委員であった武藤一郎氏（元外務省職員）の発案を受けて、中部ESD拠点から、ユネスコのESD担当課長に電子メールを送ることを決めた。メールには、愛・地球博や生物多様性条約COP10における市民参加の実績、COP10における国際会議場の利用方法、そしてESDユネスコ世界会議における市民参加活動の場を名古屋国際会議場内に設置してほしい旨を書くことにした。ESDユネスコ世界会議開催1年半前の、2013年4月のことである。

　この頃、パリのユネスコ本部では、日本の文部科学省やユネスコの担当者などが参加するESDユネスコ世界会議開催に向けた打ち合わせ会議（タスクフォース会議）の開催日が迫っていた。メール文を急ぎ完成させ、中部ESD拠点事務局長名で、ユネスコのESD担当課長宛てに送信した。パリのユネスコ本部で開催される打ち合わせ会議の前日であった。電子メールは、愛知県庁のESD支援実行委員会事務局長と文部科学省の担当官にもカーボンコピー（CC）を送った。

　その後、ユネスコの担当課長から返信を受けたのは、タスクフォース会議開催から約1ヶ月後のことであった。返信が遅れたことのお詫びと、まだ明確に会場計画が決まっていないこと、我々の要望を一つの意見として受け取った旨が書かれていた。

### 市民参加に対する認識のずれ

しかし、このメールが一部で大きな問題として扱われ、筆者は叱責を受けることとなった。メールを発信した数日後、その件で ESD 支援実行委員会事務局から説明をしてほしいという連絡を受けた。

筆者は同事務局へ出向き、まず、メールを送るに至った以下の経緯を説明した。ユネスコ関係者の知人から、ユネスコ本部 ESD 担当者への情報提供や相談が効果的だと聞いた。日本における ESD の第一人者である立教大学の阿部治教授は実際にユネスコ本部（パリ）を訪問し、ユネスコ担当課長に直接 NGO フォーラムの開催を依頼したことがあった。こうした情報を得たために、中部 ESD 拠点運営委員会においてユネスコへの情報提供と請願書の作成を審議し、送付することとなった。文案を中部 ESD 拠点事務局で作成し、同運営委員および中部 ESD 拠点代表の確認を経て送付した。中部 ESD 拠点は、ESD 支援実行委員会の一員ではあるが、開催地 NGO の一つとしての要望をユネスコに表明した。

筆者の説明に対して、ESD 支援実行委員会事務局からは、以下の問題点が指摘された。

- ユネスコへの直訴状のようなメール送信は、ユネスコや文部科学省から、開催地の窓口である ESD 支援実行委員会事務局と地元団体の意思疎通が出来ていないように受け止められるという問題。
- 市民参加型の「ステークホルダー会合」は岡山で開催されることになっているので、名古屋の本会議場で同様の場を設定する必要があるのかという問題。
- 中部 ESD 拠点の活動発表の場所が欲しいという要求であれば理解できるが、国際的な NGO の活動の場まで本会議場周辺に求めるのは越権行為であり、場所を確保したことを（筆者が）他団体に自慢したいだけではないかという疑念。

上記の指摘は、先に述べた「市民参加の段階（フェイズ）」の問題でいうところの、「与えられた場への参加」という形でしか市民参加を捉えていないことを示していた。

市民団体に活動発表の場を与えるのは ESD 支援実行委員会事務局であり、そこだけが開催地の諸団体を掌握して、文部科学省やユネスコと対話できる

唯一の組織であるべきだと考えていたようである。しかし、中部 ESD 拠点はそもそもが「ESD の 10 年」を推進するための国際的ネットワークの一員であり、ESD ユネスコ世界会議の地元開催に際して、国内外の市民参加の受け皿となる場づくりをめざすことは当然であった。しかし、そうした中部 ESD 拠点の使命感や、世界会議誘致当初の目的は理解されていなかった。

しかし、世界会議の地元開催の意義が、単なるユネスコへの「場所貸し」であってはならない。ESD の推進における市民参加は国際的な共通理解であったし、世界会議開催地の選定には、開催地における ESD 実践の発展も選定基準となった。それゆえに、「ESD 推進構想（仮称）」の検討もおこなわれ、その結果として愛知県と名古屋市は同会議の開催権を得たのである。

こうした一連の積み重ねをふまえて、ESD 支援実行委員会事務局には、我々とともに、開催地の ESD 実践者や市民社会の発展のために、市民参加型の併催イベント会場の設置に尽力してもらいたかった。しかし、当時その理解を得ることは難しかった。市民参加事業を市民の主体性にゆだねて社会変革のあらたな可能性を探るよりも、興行としての成功の可否やユネスコおよび文部科学省などの"上位組織"との調整を優先させる組織の構造的問題があった。

### 会場計画の見直し

こうした問題はあったが、会場計画はその後見直された。一般市民も参加することができる併催イベントが名古屋国際会議場内で開催されることになった。

筆者がユネスコ本部に送ったメールの内容が、その直後にユネスコ本部で開催されたタスクフォース会議で議論されされることはなかった。しかし、メールがまったく無視されたわけではなかった。メールを受け取ったユネスコの担当課長は、タスクフォース会議前の朝の立ち話で、文部科学省職員らに、筆者が送ったメールの内容について熱心に質問をしていたという。その様子を見ていたあるタスクフォース会議参加者は、当該メールが開催地の強い意気込みを伝えたことによって会場計画見直しの一つのきっかけになったと推測した。

こうした経過の中で、翌年 2014 年 4 月、ESD 支援実行委員会事務局は、人事の刷新を含む体制強化をおこなった。これにともない、同事務局の市民参

加への理解は大きく変わり、文部科学省とともに名古屋国際会議場内における市民参加の場づくりに最大限の配慮がなされることになった。

その結果、ESD ユネスコ世界会議会期中には、平日であるにもかかわらず、多数の活動団体と聴衆が参加する併催イベントが実現したのである。

# 8章 「ESDユネスコ世界会議」における 流域圏ESDモデルの発表

ESD ユネスコ世界会議は、2014年11月に、名古屋市の名古屋国際会議場において開催された。会期は、11月10日から12日までの3日間。そこには153国から1,091人が参加した（ESD 支援実行委員会，2015）。紆余曲折はあったが、名古屋国際会議場では併催イベントの場が準備され、中部 ESD 拠点は4つのフォーラムを実施することができた。

## 1. ESD ユネスコ世界会議とは

### 岡山の ESD ユネスコ世界会議「ステークホルダー会合」

ESD ユネスコ世界会議は、名古屋の本会合と岡山の「ステークホルダー会合」にわかれた。「ステークホルダー会合」は、ESD ユネスコ世界会議本会合前の週に岡山市で開催された（表11）。ここでは、三つの会議が開催された。「ユネスコ・スクール世界大会」、「ユネスコ ESD ユース会議」、国連大学主催「第9回グローバル RCE 会議」である。

ユネスコ・スクールは、すでに述べたように、ユネスコが ESD 普及の重要手段と考えている教育施設である。その世界大会がおこなわれた。32カ国（40チーム）200名が招待されて、持続可能な発展に関する活動の発表やスクール間の交流がおこなわれた。

「ユネスコ ESD 青年会議」には、48カ国から合計50人の若者が参加し、ESD を推進における若者の役割りが議論された。

「第9回グローバル RCE 会議」には、46ヵ国から68RCE、272名が参加した。地域性に即して実施した ESD 活動を振りかえり、2014年以降の RCE 活動の展開について議論した。その成果は、『2014年以降の RCE と ESD に関

表11　ESDユネスコ世界会議の2会場での会議

|  |  | 閣僚級会合及び全体の取りまとめ会合 | ステークホルダー会合 |
|---|---|---|---|
| 開催自治体 |  | 愛知県/名古屋市 | 岡山市 |
| 会期 |  | 2014年11月10日（月）～12日（火） | 2014年11月4日（水）～8日（金） |
| 会議名 | ESDに関するユネスコ世界会議 | 全体会合 | ユネスコスクール世界大会 |
|  |  | ワークショップ |  |
|  |  | ハイレベル会合 | ユネスコESDユース・コンファレンス |
|  |  | サイドイベント | 持続可能な開発のための教育に関する拠点（RCE）会議（第9回グローバルRCE会議） |

する岡山宣言』としてユネスコに提出された（文部科学省, Online 4）。

**ESDユネスコ世界会議の開会**

2014年11月10日（月）、名古屋国際会議場の開会式では、皇太子殿下と雅子妃殿下が臨席されるなか、ユネスコ事務局長のイリーナ・ボコバ氏が開会のあいさつに立った（写真5）。ボコバ氏は、持続可能な発展には、「新しい世界の見かた、地球と他者への責任にたいする新しい考えかた、地球市民として行動する新しい方法」が必要であり、そのための手段が教育でありESDであると訴えた（UNESCO, Online）。「地球市民として行動する新しい方法」という言葉には、全人類の一員として、持続可能な社会づくりに責任を持つべきだという思いがこめられている。

写真5　開会式（開会挨拶をするユネスコのボコバ事務局長）

**本会議の議題とスケジュール**

公式参加者に参加が限定されるESDユネスコ世界会議本会合は、全体会合とワークショップ（ここでは公式ワークショップと呼ぶ）に大きくわけられる（開会の全体会合Ⅰと閉会のⅣは一部開放）。そのスケジュールは表12に示したが、4つの議題を、全体会合と公式ワークショップで交互に議論するとい

う構成になっていた。

　最初の議題は、「ESDの10年」の成果の振り返りであり、第二の議題で
ESDの「教育（E）」について、第三の議題で「持続可能な開発（SD）」の具
体的なテーマが、最後に「ESDの10年」終了後のESD活動の発展について
論じられた（表13）。

## 2. ESD ユネスコ世界会議における中部 ESD 拠点の取り組み

### 4つのフォーラム開催

　開催地住民が事前登録をおこなうことで自由に参加できる併催イベントは、
名古屋国際会議場に確保された「ESD交流セミナー」（フォーラムやシンポジ
ウム用）の部屋と、会議場の駐車場スペースに展開されたブース会場であった。

　中部ESD拠点は、「ESD交流セミナー」会場で、参加団体最多の四つの
フォーラム枠を得た。フォーラムには、多様な主体が参加できるよう工夫し
た（表14）。

- ・「流域圏ESDモデル」を論じるフォーラムは、モデルづくりに携わった市民
団体、企業人、学校関係者に参加を願った。
- ・「ESD大学生サミット」のフォーラムは、大学生と大学教員を対象とした。
- ・RCEメンバーとの連携フォーラムでは、国際的なESD関係者を招き、開催地
市民との交流を図った。

表12　ESD ユネスコ世界会議のスケジュール

| | 11月10日（月） | 11月11日（火） | 11月12日（水） |
|---|---|---|---|
| 午前 | 全体会合Ⅰ<br>「10年間の成果から」 | 全体会合Ⅱ<br>「万人にとってより良い<br>未来を築くための教育<br>の新たな方向付け」 | 全体会合Ⅲ<br>「持続可能な開発のため<br>の行動促進」 |
| 昼 | 昼食／サイドイベント | ワークショップ<br>（クラスター2）<br>「万人にとってより良い<br>未来を築くための教育<br>の新たな方向付け」 | ワークショップ<br>（クラスター4）<br>「ポスト2014のためのE<br>SDアジェンダの策定」 |
| 昼 | ハイレベル円卓会議 | 昼食／サイドイベント | 昼食／サイドイベント |
| 午後 | ワークショップ<br>（クラスター1）<br>「10年間の成果から」 | ワークショップ<br>（クラスター3）<br>「持続可能な開発のため<br>の行動促進」 | 閉会全体会合Ⅳ<br>「ポスト2014のためのE<br>SDアジェンダの策定」 |

第3部

表13 ESD ユネスコ世界会議の議題

| クラスター | 議題 | テーマ | |
|---|---|---|---|
| 1 | 10年間の成果から | 1 | ESD の概念 |
| | | 2 | ESD の理念 |
| | | 3 | 国際的に合意された開発目標達成に対する ESDの貢献 |
| | | 4 | ESD のための現地イニシアティブとマルチステークホルダー・ネットワークの構築 |
| | | 5 | ESD に対する革新的な指導・学習アプローチ |
| | | 6 | ESD のためのパートナーシップ動員 |
| | | 7 | DESD とESD のモニタリング・評価 |
| 2 | 万人にとってより良い未来を築くための教育の新たな方向付け | 1 | 幼児教育・発達支援 |
| | | 2 | 初等・中等教育 |
| | | 3 | 高等教育・研究 |
| | | 4 | 技術職業教育訓練（TVET） ／ 環境スキル |
| | | 5 | 教員のための教育 |
| | | 6 | 非公式学習・地域社会での学習 |
| | | 7 | 情報通信技術（ICT） |
| | | 8 | ESD のための革新的な学習空間と機会 |
| | | 9 | 持続可能な開発とグローバル・シティズンシップのための教育 |
| 3 | 持続可能な開発のための行動促進 | 1 | 水・衛生 |
| | | 2 | 大洋 |
| | | 3 | エネルギー |
| | | 4 | 保健 |
| | | 5 | 農業と食糧安全保障 |
| | | 6 | 生物多様性 |
| | | 7 | 気候変動 |
| | | 8 | 災害リスク削減（DRR） |
| | | 9 | 持続可能な消費と生産（SCP） |
| | | 10 | 貧困撲滅における環境に優しい経済 |
| | | 11 | 持続可能な都市と人間定住 |
| 4 | ポスト2014のためのESDアジェンダの策定 | 1 | ホリスティックな 21 世紀型コンピテンシーの促進 |
| | | 2 | ESD をさまざまなレベルで政策に取り込むには |
| | | 3 | 持続可能な開発目標（SDGs） |
| | | 4 | ESD 推進に地域イニシアティブの果たす役割 |
| | | 5 | ESD に対する全機関的アプローチ |
| | | 6 | ESD 支援の促進 |
| | | 7 | 2014 年以降の ESD のためのモニタリング・報告枠組み |

　以下で、4つのフォーラムを、流域圏 ESD モデル関連フォーラムと連携協力フォーラムにわけて内容を見ていこう。

**「流域圏 ESD モデル」関連フォーラム**

　「流域圏 ESD モデル」の議論は、ESD ユネスコ世界会議2日目に二つの

71

表14　中部ESD拠点のフォーラム（薄灰色）
※白文字は筆者担当ワークショップ

| 日時 | 2014年11月4～7日 | 2014年11月9日（日） | 2014年11月10日（月） | 2014年11月11日（火） | 2014年11月12日（水） |
|---|---|---|---|---|---|
| 午前 | 第9回グローバルRCE会議（ESDユネスコ世界会議ステークホルダー会合） | 持続可能な開発のための高等教育に関する国際会議（主催：国連大学、環境省、文部科学省、名古屋大学） | ESDユネスコ世界会議・開会全体会合 | 生命地域・流域圏で進めるESD！<br>ESDの開催地提案「中部モデル」の発信！ | 本会合ワークショップ（クラスターⅣ：ポスト2014年のESDアジェンダの設定） |
| 午後 | | ESD大学生サミット（主催：愛知学長懇話会、中部ESD拠点協議会） | ESDの地域連携 日本国内RCE連携（幹事機関：中部ESD拠点協議会） | ESD大学生サミットinESDユネスコ世界会議 | ESDユネスコ世界会議・閉会全体会合 |
| 全日 | | | ブース出展・パネル展示 | | |
| 会場 | 岡山コンベンションセンター（岡山市） | 名古屋大学豊田講堂 | 名古屋国際会議場 | | |

フォーラムを通しておこなった。

　最初のフォーラム『生命地域・流域圏で進めるESD！』では、流域圏ESDモデルの最終的な検討をおこなった。市民活動家、大学教員、教育委員会職員、大学生の参加によるパネル討論では、それぞれが流域圏ESDモデルについての意見や自身の現場活動との関連を述べた。その後、会場の一般参加

写真6　活動紹介をする諸団体の代表者

者からの質疑応答をおこなって、流域圏ESDモデルについての来場者の理解を深めた。

　フォーラムでは、流域圏ESDモデルの構築に関わった市民団体のメンバーによる活動紹介の場も設けた（写真6）。

　『ESDの開催地提案「中部モデル」の発信！』フォーラムでは、「流域圏ESDモデル」の発表をおこなった（フォーラム催事名称の確定時には「流域圏ESDモデル」の名称は未決定であったため「中部モデル」と呼んでいた）。これに対して、他国のRCEメンバー、国際的教育機関の研究者、国内有識者など、外部の視点から意見を求めて同モデルの他地域での応用について議論した。

　100人をこえる来場者の中には、10名ほどの外国人参加者もいた。

　また、ESDユネスコ世界会議における文部科学省の実務面でのトップを務めた岩本渉国際交渉分析官（当時）が、このフォーラムに聴衆として参加し

ておられた。本会合で多忙の中、中部ESD拠点の開催地提案に対してこまめにメモを取って質問をする場面もあった。ESDユネスコ世界会議の成果文書である「あいち・なごや宣言」の起草に携わる岩本氏の参加と取材に、開催地提案をおこなった中部ESD拠点メンバーは多いに励まされた（写真7）。

写真7　質問する岩本渉国際交渉分析官（当時）

**中部ESD拠点の連携フォーラム**

中部ESD拠点は、他団体との共催による二つのフォーラムも開催した。

一つは、愛知学長懇話会との共催による『ESD大学生サミット in ESDユネスコ世界会議』である。愛知学長懇話会は、愛知県内約50大学の学長ネットワークである。愛知学長懇話会は、ESDユネスコ世界会議開催までの1年間をかけて、サステナビリティに関わるテーマ（生物多様性、エネルギー、防災など）を7回に分けて論じる「ESD大学生リレー・シンポジウム」を連続開催していた。

「ESD大学生サミット」は、愛知学長懇話会と中部ESD拠点の共催により、ESDユネスコ世界会議前日に、名古屋大学豊田講堂で開催された。その目的は、過去7回のリレー・シンポジウムの成果を学生たちがもちより、ユネスコへの提言文を作成することだった。提言内容は、国連大学等の主催により同時間に名古屋大学で並行開催された「持続可能な開発のための高等教育に関する国際会議」の成果報告に含めて、ユネスコに提出された。名古屋国際会議場の併催イベントでは、前日のサミット本番の成果報告と、国内のESD研究者を招いて提言文の実現に向けたさらなる討論をおこなったのである。

もう一つの連携フォーラムは『ESDの地域連携』と題して世界各地のRCEメンバーを集めたフォーラムであった。基調講演に、松浦晃一郎元ユネスコ事務局長を迎えて、地域単位でESDを推進する意義を論じていただいた（写真8）。パネル討論では、アジア・アフリカ・アメリカ・ヨーロッパのRCEから各1名と、日本RCEの1名の5名が登壇して、「ESDの10年」におけるRCEの成果と今後の課題を論じた（写真9）。

写真8 講演する松浦晃一郎元ユネスコ事務局長　　写真9　世界各地のRCEメンバー

　中部ESD拠点の活動に関わる市民の多くは、他国のRCEメンバーと直接対面し交流したことで、中部地域と世界のRCEの関りを強く感じる機会となった。
　海外RCEメンバーは、当初、岡山で開催されたRCEグローバル会議終了後に日本を離れる予定だった。しかし、国連大学および中部ESD拠点の努力によって、名古屋の本会議場でも、活動報告や意見交換をおこなうことができた。

## 9章　成果文書「あいち・なごや宣言」の採択

　ESDユネスコ世界会議の成果文書「あいち・なごや宣言」の採択に向けて、重要な役割を果たしたのが本会議のワークショップである。本章では、筆者がワークショップのコーディネーターの一人として参加した「地域イニシアティブ（地域主導）」分科会の事例を紹介する。そして、ESDユネスコ世界会議の閉会全体会では、「あいち・なごや宣言」が採択された。「ESDの10年」は2014年をもって終了したが、「あいち・なごや宣言」はその先のESDの発展を国際社会に呼びかけた。

### 1．公式ワークショップ
　「地域イニシアティブ」分科会
　ESDユネスコ世界会議開催からさかのぼること8か月、2014年3月に、筆

者はESD支援実行委員会事務局から、本会議の公式ワークショップの分科会コーディネーター就任の打診を受けた。ユネスコは、開催地愛知・名古屋を代表して1名をワークショップ分科会のコーディネーターとして招へいするという。

ワークショップは4つの議題に対応する34のテーマ別分科会に分かれていた。各分科会は、ユネスコが選んだ2団体からの2名が共同コーディネーターとして企画・実施する。

筆者が依頼を受けた分科会のテーマは、議題4「ポスト『ESDの10年』の取り組み」の「地域イニシアティブ（Local Initiative）」だった。RCE活動を通して地域におけるESDネットワーク活動に携わってきた筆者にとって、その成果を生かすことができるまたとない貴重な機会だった。

### 都市か流域か

ユネスコは、ESDユネスコ世界会議開催5ヵ月前の2014年6月に、パリのユネスコ本部でコーディネーター研修会議を開催した（写真10）。共同コーディネーターとここではじめて出会った。

共同コーディネーターは、ドイツユネスコ国内委員会のビアンカ・ビルグラム女史であった。ビルグラム氏は、ハンブルグ市役所でESDを担当しているユルゲン・シューベルト氏とともに研修会議に参加していた。

研修会議でコーディネーターに求められた最初の仕事は実施計画書の作成であった。分科会の実施にあたり、コーディネーターは、2名のリソースパーソン（話題提供者）と、2名のファシリテーター（進行役）を指名して、ESDユネスコ世界会議への公式参加者として招待することができた。この条件のもと、具体的にどのようなワークショップを開催するか。研修会議では、そのための意見交換がおこなわれた。

ビルグラム氏は、すでにドイツ国内で「地域イニシアティブ」分科会における議論のポイントを絞ってきていた。それは「都市におけるESD推進」である。とりわ

写真10　コーディネーター研修会議

け、都市部の地方自治体の関与について、ESD ユネスコ世界会議の分科会で議論を発展させたいという。ハンブルグ市役所のシューベルト氏を研修会議に同行させた理由はそこにあった。

筆者は流域圏で上下流の山村と都市をつなぐ包括的な地域づくりを進めている ESD の取り組みを紹介した。しかし、ドイツのメンバーはさほど関心を示さない。シューベルト氏は山村で市民団体がおこなう小規模の環境保全活動やそれにまつわる ESD の教育効果に疑問を呈した。それよりも、都市が変わること、とりわけ、市長などのトップが ESD に取り組む方針を明確に示すことが大切であると主張した。

筆者は、ESD ユネスコ世界会議のなかでも重要な未来の指針を論じるワークショップのコーディネーターに選ばれたのであって、中部 ESD 拠点の活動自慢をすることが目的ではない。しかし、ドイツ側が提案する都市の話題だけで、ESD の「地域イニシアティブ」を包括的に議論することもできないと考えた。

議論の時間は限られていた。地域と言っても都市だけではない、という意見は伝えたが、都市以外の地域を取り上げるための説得材料がなかった。加えて、英語力でもドイツ側に劣る。ワークショップの時間は終了した。

本会合分科会の実施計画書は、研修会議の1ヶ月後を期限として、コーディネーターからユネスコへ提出することが求められたため、筆者とドイツメンバーは、以後、メール上で議論することにした。

### マルチステークホルダーの参加と自治体の役割

帰国後、都市以外の地域コミュニティの重要性を説明する根拠を探した。研修会議前に目を通したはずであった第37回ユネスコ総会の資料を改めて読み直すと、「グローバル・アクション・プログラム（GAP）」の地域コミュニティに関する記述には、二つの視点の重要性が指摘されていた。

(a) マルチステークホルダーの持続可能な発展の学習を容易にする地域のネットワークは、開発、改善、強化されること。これは、既存のネットワークの多様化及び拡大により、先住民のコミュニティを含む新たなより多様なステークホルダーの参加等を含む。

(b) 地方機関や地方自治体は、持続可能な発展の学習の機会を設ける役割を強め

ること。これは、コミュニティ全員に対する持続可能な発展のノンフォーマル及びインフォーマルな学習の機会の提供と支援と同様に、必要に応じて、地域レベルで ESD を学校教育に取り入れる支援等を含む。(UNESCO, 2013)

　筆者はまず、この二つの視点を重視した分科会の組み立てをビルグラム氏とシューベルト氏に訴えた。そして、(b) の地方自治体の取り組み事例が、ドイツ・ハンブルグの事例に合致し、(a) の多様なステークホルダーの参加型 ESD は、中部 ESD 拠点の流域圏 ESD モデルが合致することを指摘した。
　流域圏 ESD モデルの構築には、多様な主体の参加が不可欠である。「伊勢・三河湾流域圏 ESD 講座」においても、地域課題に取り組む NPO や行政機関、学校、企業との連携によって、100回以上の講座を実施した実績がある。さらに、伊勢・三河湾流域圏には、下流に大都市名古屋をはじめとする諸都市が存在し、上流には中山間地や限界集落と呼ばれるような地域も存在する。
　ユネスコの公文書には、都市と地方の区別はない。しかし、ドイツ側が都市にこだわる以上、都市以外の地域コミュニティの持続可能性や都市との関係を論じるためには、流域圏モデルを取り上げることが最善策であると考えた。さいわい、ビルグラム氏もシューベルト氏も、ユネスコの公文書の理論的背景を示したことにより、筆者の案に賛同してくれた。7月のユネスコ本部への分科会開催計画は、両者の合意を経て提出することができた。

### ワークショップ前夜

　さて、話を ESD ユネスコ世界会議に戻そう。中部 ESD 拠点の催事は、世界会議2日目までにすでに4つのフォーラムをすべて終えていた。残すは、最終日の本会合ワークショップのみであった。連日、睡眠時間は3時間程度であったうえに、レセプション等の飲み会も続き、体力的にも限界に近づいていた。
　頭を切り替えて、終わっていない作業をリストアップしてみると、ワークショップの配布用プログラムを作っていないことに気づく。分科会の概要は、ユネスコ事務局が電子データで参加者に送っている。しかし、細かい議事進行はプログラムがなければわからない。夜中の1時過ぎに、あわてて打ち込んだ英語のプログラムを、確認してもらうためにビルグラム氏にメールで送った。すぐに返信があったが、ペーパーレス会議を推奨されているので、

プログラムの印刷は不要だという。議論している暇はなかったので、とりあえず印刷して持参することにした。

次に、分科会で報告される「流域圏 ESD モデル」のメモも作成して、パワーポイントデータの最終確認をおこなった。さらには、記録の写真は誰が撮ってくれるのだろうか、突発的な資料印刷のために小型プリンタを持って行く必要はないだろうか、といった細かい心配も出てきた。ビルグラム氏とメールのやりとりを終えたのは明け方の4時過ぎであった。

### 公式ワークショップの開催

ESD ユネスコ世界会議の最終日、筆者が担当したワークショップには60名程度の参加者があった。話題提供者は、ドイツのシューベルト氏と中部 ESD 拠点運営委員長の竹内恒夫教授に依頼した。ファシリテーターについては、ビルグラム氏自身がかってでた。筆者は、もうひとりのファシリテーターとして、RCE トンヨン（韓国）のウォン・ジョン・ビョン女史を招へいした。ウォン氏は、RCE アジア太平洋会議の運営委員会で筆者と活動をともにした、RCE 中でもっとも筆者が信頼していた仲間であった。

写真11　公式分科会で開会挨拶をする筆者

写真12　公式分科会の討論

筆者の開会挨拶で2時間15分のワークショップがはじまった（写真11）。まず話題提供として、竹内教授による流域圏 ESD モデルの事例報告を通して多様な主体の参加の重要性を指摘した。次いでシューベルト氏によるドイツにおける市長主導の ESD 活動の事例紹介をおこない、都市における ESD の推進の必要性が訴えられた。

参加者による全体討論は、フィッ

シュボールと呼ばれる手法を使った。7脚の椅子を部屋の中心に円形に並べて、議論をおこなう。その椅子に座る人だけが発言できるため、発言者は、ある程度発言を終えると、中心円の席を離れる。空いた席に、発言を希望する人が座って議論に加わる（写真12）。

　議論の内容は、地域でESDを推進するためのアクションプランの検討である。各国参加者は、話題提供者への質問や、自国の活動事例を交えた提案などをおこなった。中部ESD拠点の飯吉厚夫代表と同運営委員の別所良美教授（名古屋市立大学）も分科会に参加し、議論の輪に加わった。

　討論の成果は、最終的に以下の5つのアクションプランにまとめられた。

1. ESDのマルチステーク・ホルダー（多様な主体参加）の強化
2. 地域におけるESDの学びのプラットフォームの質の向上
3. 地域におけるESDの規模拡大のための新規ステーク・ホルダーの巻き込み
4. ローカル・グローバルの両レベルで変革をもたらす主要な主体としての市民社会（若者を含む）の能力開発
5. 地域におけるESD推進のための資金獲得

　こうした議論を経て、以降、「ESDの10年」の後継プログラムであるGAPの中で、「地域主導のESD活動」が主要な優先分野の一つとして位置付けられ、上記アクションプランの実現に向けた活動が開始された（9章3参照）。

　さて、筆者が前夜に気になった記録写真は、ESD支援実行委員会の愛知県庁職員が撮影してくれていた。また、夜中に印刷したプログラムは入り口付近のテーブルに置いた。開始後に遅れて入ってくる各国代表もいたため、プログラムは有効であった。ビルグラム氏も、終了後に、やはりプログラムがあってよかったと言ってくれた。

## 2. 成果文書「あいち・なごや宣言」の採択

　公式分科会が無事に終了すると、休憩時間を挟んですぐに閉会全体会が開催された。筆者は、飯吉厚夫中部ESD拠点代表と名古屋国際会議場センチュリーホールの1階中央の客席に座った。筆者の疲れはピークに達していたが、成果文書である「あいち・なごや宣言」の採択の瞬間は胸に迫るものがあった（写真13）。宣言には、ESDのさらなる国際的展開に向けて重要な決議内

写真13　あいち・なごや宣言を採択する
丹羽秀樹文部科学副大臣（当時）

容が盛り込まれていたからだ（資料④）。

「あいち・なごや宣言」の要点は以下の3点にまとめられる。

① ESD で育むべき能力および重視すべき視点の明確化
② ポスト「ESD の 10 年」のユネスコ活動「GAP」の開始
③ 国連持続可能な開発目標（SDGs）への ESD の貢献

ESD で育むべき能力は、ESD の開始当初から目的とされていた批判的思考や総合的思考の重要性が改めて確認された。重視すべき視点は、中部 ESD 拠点の ESD 対話活動で常に議論の中心にあった南北問題であった。また、「地域と伝統的な知恵」を ESD における重要な視点とした文言も入った。

中部 ESD 拠点がおこなったさまざまな提案と合致する内容が多い「あいち・なごや宣言」の採択は、筆者を含む中部 ESD 拠点メンバーにとって嬉しい成果であった。

最終日の翌日には、フォローアップ会議が開催されて、今後の ESD 活動の展開についての議論があった。すべての行事が終わったあと、ビルグラム氏から二人で飲みに行こうという誘いを受けた。名古屋の堀川沿いの「五条」という串カツの大衆酒場のカウンターで二人で日本酒を飲んだ。当初は意見の相違があった彼女と、公式分科会のコーディネートを無事に終えて、半年間を振り返った。その達成感と安堵感はひとしおだった。

## 3. ESD から SDGs へ

「ESD の 10 年」（2005～2014 年）は 2014 年をもって終了した。しかし ESD は終わったわけではなく、その後、国連が定めた「持続可能な開発のための 2030 アジェンダ（2030 年アジェンダ）」に継承されていく。

2015 年の「国連持続可能な開発サミット」において採択された「2030 年アジェンダ」のなかで、持続可能な世界を実現するための「持続可能な開発目

## 第 3 部

### 資料④ あいち・なごや宣言（筆者抜粋）

愛知県名古屋市で開催された ESD に関するユネスコ世界会議の参加者である我々は、持続可能な開発に関する経済、社会、環境分野のバランスの取れた、統合されたアプローチにより、現代の世代が要求を満たしながらも、未来の世代が要求を満たすことができるように、この宣言を採択し、持続可能な開発のための教育（ESD）の更なる強化と拡大のための緊急の行動を求める。

1. 国連 ESD の10年の多大なる功績、特に国内外のアジェンダにおける ESD の位置付けを高め、政策を進め、ESD の概念的理解を深め、幅広いステークホルダーによる実質的な多くの優れた取組を生み出したことを祝し、
2. 国連 ESD の10年の実施に積極的に参加した多くの政府、国連機関、非政府組織、全ての種類の教育機関・教育組織、学校の教育者と学習者、地域と現場、ユース、科学コミュニティ、学術界、その他のステークホルダー、また、10年間の主導機関としての役割を担ってきたユネスコに感謝の意を表し、
4. 第37回ユネスコ総会において、国連 ESD の10年のフォローアップとして、またポスト2015 年アジェンダへの具体的な貢献として支持された ESD に関するグローバル・アクション・プログラム（GAP）が、教育、訓練、学習の全てのレベル及び分野において ESD の行動の導入、拡大を目指していることに留意し、
8. 我々参加者は、批判的思考、システム思考、分析的問題解決、創造性、協働、不確実なことに直面した際の決断、また、国際的な課題がつながっていることの理解及びこの自覚から生じる責任のような、地球市民そして地域の文脈における現在及び未来の課題に取り組むために必要な知識、スキル、態度、能力、価値を発達させることで、学習者自身及び学習者が暮らす社会を変容させる力を与える ESD の可能性を重要視し、
9. ESD は、全ての国、特に小島嶼国や低所得国のような最も脆弱な国のためになる公平でより持続可能な経済、社会の実現を目的として、先進国と発展途上国の両方が貧困撲滅、不平等の縮小、環境保護、経済成長のための努力の強化に取り組む機会であり、責任であることを強調し、
10. ESD の実践は、持続可能な開発への文化の貢献、平和の尊重、非暴力、文化多様性、地域と伝統的な知識、先住民の英知と実践、さらに、人権、男女の平等、民主主義、社会正義のような普遍的原則の必要性と同様に地元、国内、地域、世界の文脈を十分に考慮するべきであることを重視し、
15 ユネスコ加盟国の政府に以下のような更なる取組を求める。
    a) 教育の目的、教育を支える価値をレビューし、（中略）、システム全体としての全体的アプローチ及びマルチステークホルダーの協力、教育セクター、民間企業、市民社会及び多様な持続可能な開発分野に従事する人びとのパートナーシップに特別な注意を払いながら、教育、訓練、及び持続可能な開発政策への ESD の統合を強化し、（中略）
    c) 第一に ESD を教育の目標として残し、分野横断的なテーマとして SDGs に取り入れることを保証し、第二に ESD に関するユネスコ世界会議（2014年）の成果を2015年5月19日から22日に韓国・仁川で開催される世界教育フォーラム2015 において考慮されるよう保証することでポスト 2015 年アジェンダ及びそのフォローアッププロセスに ESD を反映、強化させる。

（UNESCO, 2014）

持続可能な発展への挑戦

表15　SDGsの17達成目標

| 目標1 | 貧困をなくそう | 目標10 | 人や国の不平等をなくそう |
|---|---|---|---|
| 目標2 | 飢餓をゼロに | 目標11 | 住み続けられるまちづくりを |
| 目標3 | すべての人に健康と福祉を | 目標12 | つくる責任 つかう責任 |
| 目標4 | 質の高い教育をみんなに | 目標13 | 気候変動に具体的な対策を |
| 目標5 | ジェンダー平等を実現しよう | 目標14 | 海の豊かさを守ろう |
| 目標6 | 安全な水とトイレを世界中に | 目標15 | 陸の豊かさも守ろう |
| 目標7 | エネルギーをみんなに、そしてクリーンに | 目標16 | 平和と公正をすべての人に |
| 目標8 | 働きがいも 経済成長も | 目標17 | パートナーシップで目標を達成しよう |
| 目標9 | 産業と技術革新の基盤をつくろう | | |

標（Sustainable Development　Goals:SDGs）」として17の目標、169のターゲットが定められた（表15）。2016年から2030年までの15年間で目標の達成を世界中でめざすのである。ここでは、持続可能な発展の道から「地球上の誰一人として取り残さない」ことを誓っている。

　目標数が多くなるとその内容を簡単に説明しにくくなるが、それはそれだけ「持続可能な発展」の具体策が詳細になったのだと理解できる。

　近年、SDGsは国連のあらたな取り組みとして注目を集めるようになったが、17の目標はいずれもESDで取り組んできた課題である。

**「グローバル・アクション・プログラム（GAP）」**

　「あいち・なごや宣言」には、SDGsの達成に向けたESDの貢献が謳われている。その具体的な方法として、ユネスコは「ESDの10年」の後継プロジェクト「グローバル・アクション・プログラム（GAP）」（2015年～2019年）計画を開始した。

　GAPでは、ESDを推進する以下の5つの優先行動分野が設定された。

(1) 政策的支援（ESDに対する政策的支援）
(2) 機関包括型アプローチ（ESDへの包括的取組）
(3) 教育者（ESDを実践する教育者の育成）
(4) ユース（ESDを通じて持続可能な開発のための変革を進める若者の参加の支援）
(5) 地域コミュニティ（ESDを通じた持続可能な地域づくりの促進）

　ユネスコは、5つの優先行動分野に合致したESD活動をおこなう団体を世

界中から募った。その結果、400を超える団体が登録をおこなった。さらに、400団体の中から特に活発に活動を展開する団体を、各優先行動分野につき約15団体、ユネスコが選定し、主要パートナーとして認定している。主要パートナーは、ユネスコが定期的に開催するパートナー・ネットワーク会議に出席して、各テーマの推進方法を検討している。

### 中部 ESD 拠点のあらたな活動

　中部 ESD 拠点は、「あいち・なごや宣言」の実現をめざして、GAP および SDGs に貢献すべく、あらたな活動を開始した。

　GAP の優先行動分野「政策的支援」と「ユース」に対応する活動として、2016年から「中部サステナ政策塾」活動を開始した。サステナビリティに関する政策を学び、実現する能力を持った若者を育成するプログラムである。

　「機関包括型アプローチ」と「教育者（育成）」は、愛知県内のユネスコスクール支援活動や、愛知学長懇話会に設置された「サステナビリティ企画委員会」との相互協力をおこなっている。

　「地域コミュニティ」については、ESD ユネスコ世界会議開催地を代表する ESD の取り組みが評価されて、GAP「地域コミュニティ」の主要パートナーとしてユネスコから認定を受けた。伊勢・三河湾流域圏を対象とした「伝統知 ESD プロジェクト」を展開し、地域の自然環境と文化の多様性を学びながら持続可能な社会づくりに向けた ESD 手法を検討している。

　これらの活動すべてにおいて、SDGs との関連を考慮している。SDGs 開始直後の2016年5月には、G7伊勢志摩サミットの NGO 活動に参加し、「ESD 対話」を継続した。その経験は、2019年6月に開催される G20大阪サミットにも引き継がれていく。さらに、2019年度からは、伊勢・三河湾流域圏版の SDGs の設定と達成に向けたネットワークの構築を開始することになっているが、これらの活動の詳細は別稿にゆずることとする。

## コラム②　レセプションの役割り

　レセプションや打ち上げの懇親会は、国際会議のなかでも特に、情報交換や連帯感の醸成のための大きな役割を果たした。

　ESDユネスコ世界会議の愛知県名古屋市開催が正式に決まった第37回ユネスコ総会（2013年11月）には愛知県からは、大村秀章愛知県知事、愛知県環境部長をはじめ、中部ESD拠点の飯吉厚夫代表、筆者らが出席した。愛知県は、カクテルパーティーを開催して和食と日本酒をふるまい、開催地の魅力や会議の受け入れ計画を披露した。

　ESDユネスコ世界会議開催前夜のレセプションでは、ユネスコのイリーナ・ボコバ事務局長と松浦晃一郎前事務局長（当時）から、中部ESD拠点の活動に対して飯吉厚夫代表に謝辞が贈られた。

　RCEメンバーとは、ESDユネスコ世界会議初日のフォーラム後に、開催地市民とともに、当時名古屋で一番"お値打ち"な居酒屋で懇親会を開いた。参加者の記憶に残る懇親会も国際会議の成果の一つといえる。

ボコバ氏、松浦氏（右）から謝辞を受ける飯吉代表

ユネスコ本部のレセプション

RCEメンバーと開催地市民との交流会（懇親会）

## おわりに

　中部地域では、10年間にわたって、多様な主体の参加によるESDを通した持続可能な社会づくりが試みられてきた。とりわけ、持続可能な発展に関する三つの大規模国際催事は、市民社会に大きな学びと成長の機会を提供した。。成長の度合いを測ることは難しいが、この10年間を振り返ると、少なくとも3点の進化があったといえるだろう。

　1点目は、活動内容の可視化と伝える能力の向上である。愛・地球博における来場者向けのトレーニング、生物多様性COP10やESDユネスコ世界会議における出展やESDモデルの構築などが当てはまる。

　2点目は、市民参加事業の運営能力の向上であろう。市民参加とは、行政主導の会議やイベントへの市民の参加である。時として、市民は満足できない状況に追い込まれることがある。そうしたときに、根気強い主催者との協議と交渉を通して一歩ずつ目的を実現していく姿勢が必要である。

　他方で、市民参加を受け入れる行政機関をはじめとする運営側には、経済成長主義と対立する可能性を内包する市民活動の「専門性」を避けることなく、活動の場を市民に委ねる覚悟を求めたい。

　3点目は、国際会議への参加を通した多種多様な人的交流の発展である。普段は限られた地域内で限られた分野の人びとと活動を深める市民団体メンバーにとって、国際会議に集うエネルギーに満ちた異分野のリーダーたちとの出会いは魅力的なものである。中部ESD拠点は、「生物多様性COP10」やESDユネスコ世界会議に向けて繰り返したワークショップで、人的ネットワークを広げていった。ユネスコのGAPや国連大学のRCE国際会議では、国際的な地域間の情報交換も実現している。

　2007年に国連大学からESD地域拠点（RCE）の認定を受けた中部ESD拠点は、2017年に10周年を迎えた。紆余曲折はあったが、中部ESD拠点は地域の多様な活動主体と、複数の大規模国際催事の地元開催という幸運にも恵まれて、持続的に発展している。

　そこでは、まだ不十分であるとはいえ、ローカルとグローバル双方の課題

解決のための国境を越えた地域間連携を意識した ESD 活動が展開されてきた。ESD の目的の一つは、地球規模の課題解決である。しかし、RCE の活動は、「Think Globally, Act Locally（地球規模で考えて地域で行動する）」だけでは成立しない。むしろ逆の側面もある。第一に、地域のあらゆる資源と課題を知って地域主導の ESD に取り組むこと。第二に、その成果や課題をグローバルな地域間ネットワークの中で共有することで、グローバルな持続可能社会の実現にむずびつけていく。その意味で、RCE 活動は「Think Locally, Act Globally（地域規模で考えて地球規模で行動する）」なのである。

　持続可能な発展にかかわる国際会議への市民参加は、このような視点から、今後さらにその重要度が高まるだろう。その際、中部大学が 10 年間にわたって担ってきたような、市民社会と国際機関をつなぐ大学の役割りについても、それが持続的に果たせる仕組みづくりが必要だろう。

　本書では、中部 ESD 拠点の活動の歴史を、筆者が事務局長の立場から得た経験をもとに振り返った。時として、あるべき組織の承認手続きを緻密に踏まず、関係各所からお叱りを受けたこともあった。また、組織間の決定や活動計画などが、偶発の社会的背景や個人的な人的交流の中から生まれることがあるように、国際会議においても、似た側面があることを筆者は経験を通して学んだ。

　本書で論じた多様なステークホルダーの参加による ESD 活動、とりわけ国際会議における市民参加は、筆者の経験に基づく一つの事例であって、市民参加の手法をマニュアル化するようなものではない。しかし、筆者の経験を包み隠さず提示することで、本書が今後、ESD および SDGs 活動や、国際会議における市民参加事業に取り組む人びとにとっての学びの一助になれば、筆者にとって大きな喜びである。


謝辞

　この 10 年間を振り返ると、筆者の活動がどれだけ多くの方々に支えられてきたかを改めて気づかされる。ここで一人ひとりの名前をあげることはできないが、中部 ESD 拠点代表の飯吉厚夫中部大学総長のご指導と援助なくして筆者の活動はあり得なかった。飯吉代表の粘り強い ESD への期待と忍耐が、

## おわりに

　この地域の ESD やサステナビリティに関わる活動を発展させていく中、微力ながらその一役を担わせていただいたことに心からお礼を申し上げたい。

　中部 ESD 拠点の歴代運営委員の皆様には、至らぬ事務局長に対して、これまで温かいご指導と支援をいただいた。

　また、10年間を振り返るとき、飛び回る筆者を支えてくれた家族に対する感謝の念にたえない。同時に、もっとも大切にすべき家庭の持続可能性をないがしろにして、妻にひとかたならぬ苦労をかけたことを深く反省し、この場を借りて謝罪したい。

　そして、いつも筆者を励まし、協力してくれた地域の ESD 実践者、中部大学の事務局スタッフ、国連大学とユネスコおよび文部科学省や環境省の歴代 ESD 担当者、愛知県庁職員のとりわけ同世代の友人、そして、世界各地の RCE の仲間たちに心からの謝意を表したい。

　なお、これまでの中部 ESD 拠点の活動は、地球環境基金、あいちモリコロ基金、トヨタ環境活動助成プログラムの助成を受けて実施することができた。また、筆者の研究活動は JSPS 科研費（JP16K00686）の助成によっても支えられたことを付記する。

## ■参考文献

愛知県・名古屋市（2011）『国連 ESD の10年最終年会合　開催提案書』愛知県・名古屋市.

ESD に関するユネスコ世界会議支援実行委員会（2013）『ESD に関するユネスコ世界会議開催支援計画』ESD に関するユネスコ世界会議支援実行委員会.

ESD ユネスコ世界会議あいち・なごや支援委員会（2015）『ESD ユネスコ世界会議あいち・なごや支援委員会公式記録』ESD ユネスコ世界会議あいち・なごや支援委員会.

石川幹子・吉川勝秀・岸由二（2005）『流域圏プランニングの時代—自然共生型流域圏・都市の再生』技報堂出版.

後房雄（2005）「愛知万博と『市民参加の新しい波』のすれ違いの構造—市民参加検証フォーラムの経験から」町村敬志・吉見俊哉編著『市民参加型社会とは—愛知万博計画過程と公共圏の再創造』有斐閣.

緒方隆文（2006）「市民プロジェクトとの歩み・2」2005年日本国際博覧会『愛・地球博「市民プロジェクトの挑戦」：瀬戸会場「市民パビリオン & 海上広場」その軌跡の記録』2005年日本国際博覧会協会.

外務省（Online）「生物多様性条約（生物の多様性に関する条約：Convention on Biological Diversity（CBD））」https://www.mofa.go.jp/mofaj/gaiko/kankyo/jyoyaku/bio.html

環境と開発に関する世界委員会（World Commission on Environment and Development: WCED）（1987）『地球の未来を守るために（Our Common Future）』大来佐武郎監修、東京.

首相官邸（Online）「ヨハネスブルグサミット—内外記者会見」（2002年）https://www.kantei.go.jp/jp/koizumispeech/2002/09/03press.html

鈴木直彦（2006）「市民参加型万博とは」2005年日本国際博覧会『愛・地球博「市民プロジェクトの挑戦」：瀬戸会場「市民パビリオン & 海上広場」その軌跡の記録』2005年日本国際博覧会協会.

生物多様性条約第10回締約国会議支援実行委員会（2011）『生物多様性条約第10回締約国会議支援実行委員会公式記録』生物多様性条約第10回締約国会議支援実行委員会.

曽我部行子（2005）「市民の目線で」町村敬志・吉見俊哉編『市民参加型社会とは』有斐閣.

谷岡郁子（2005）「三歩進んで二歩さがった市民参加」町村敬志・吉見俊哉編『市民参加型社会とは』有斐閣.

2005年日本国際博覧会協会（2001）『2005年日本国際博覧会基本計画』2005年日本国際博覧会.

—(2005a)『万博を創る』2005年日本国際博覧会協会.

—(2005b)『愛・地球博　地球市民村記録集別冊　持続可能な社会のためのコミュニケーション』2005年日本国際博覧会協会.

—(2005c)『愛・地球博　地球市民の185日』2005年日本国際博覧会協会.

—(2006a)『愛・地球博「市民プロジェクトの挑戦」：瀬戸会場「市民パビリオン & 海上広場」その軌跡の記録』2005年日本国際博覧会協会.

—(2006b)『持続可能な社会をめざして』2005年日本国際博覧会協会.

2005年日本国際博覧会基本理念継承発展検討委員会（2006）『愛・地球博基本理念の継承と発展に向けて（答申）』.

藤田研二郎（2016）「生物多様性条約に向けた政策提言型 NGO ネットワーク組織の連携戦略と帰結」『年報社会学論集』29: 21-32.

古澤礼太（2007）「愛・地球博に見る市民参加の諸相」『比較人文学研究年報』4: 27-48.

—（2013）「生命地域（Bioregion）としての流域圏を対象とした「持続可能な発展のための教育（ESD）」の推進—中部 ESD 拠点の取り組み事例から—」中部大学編『アリーナ No.15』風媒社、pp.106〜115.

—（2015）「第5　持続可能な開発のための教育（ESD）の現状と発展可能性—SD 観の多様性を活かした ESD の発展可能性—」持続性研究会編『持続性再考論—持続性は破綻しない—』持続性研究会、pp. 34-49.

古澤礼太・影浦順子編（2015）『流域圏の持続可能性を高める—伊勢・三河湾流域圏 ESD 講座の取り組み Vol.3』中部 ESD 拠点協議会.

文部科学省（Online 1）「Education for Sustainable Development（ESD）の訳語の取扱いについて」http://www.mext.go.jp/component/a_menu/other/micro_detail/__icsFiles/afieldfile/2013/06/03/1335705_01.pdf

—（Online 2）「ユネスコ国内委員会 - ESD（Education for Sustainable Development）」http://www.mext.go.jp/unesco/004/1339970.htm

—（Online 3）「ユネスコ国内委員会 - ユネスコスクール」http://www.mext.go.jp/unesco/004/1339976.htm

—（Online 4）「2014 年以降の RCE と ESD に関する岡山宣言」http://www.esdjpnatcom.mext.go.jp/conference/result/pdf/RCE_Declaration_ja.pdf

吉田正人（2005）「環境 NGO が開いた市民参加会議への道」町村敬志・吉見俊哉編『市民参加型社会とは』有斐閣.

レイチェル・カーソン（著）、青樹簗一（翻訳）（1972〔1962〕）『沈黙の春』、新潮社

The Bureau of International Expositions(BIE) (1928) Protocol, BIE

—(1994) Resolution, The 115th Session of the General Assembly. BIE

United Nations Educational, Scientific and Cultural Organization [UNESCO]（2005）UNDESD International Implementation Scheme（ESD-J 仮訳）.

—（2013）Global Action Programme on Education for Sustainable Development as follow-up to the United Nations Decade of Education for Sustainable Development after 2014（Endorsed by UNESCO Member States through the adoption of 37 C/Resolution 12）. 文部科学省・環境省仮訳.

—（2014）UNESCO World Conference on Education for Sustainable Development: Aichi-Nagoya Declaration（文部科学省仮訳）.

—（Online）Address by Irina Bokova, Director-General of UNESCO, on the occasion of the opening of the UNESCO World Conference on Education for Sustainable Development; Aichi-Nagoya, Japan, 10 November 2014 https://unesdoc.unesco.org/ark:/48223/pf0000230641

古澤　礼太（ふるさわ　れいた）

中部大学中部高等学術研究所・国際 ESD センター准教授。

2007 年、名古屋大学大学院文学研究科比較人文学講座博士後期課程単位取得中退。

2007 年、中部大学中部高等学術研究所研究員、同講師を経て、2014 年から現職。

2008 年から中部 ESD 拠点（RCE Chubu）の事務局長を務める。

2014 年「ESD に関するユネスコ世界会議」では、本会合公式ワークショップのコーディネーターを担当。

専門は文化人類学（アフリカ都市文化研究）／ ESD（持続可能な開発のための教育）。

［主要論文］古澤礼太（2018）「ガーナ共和国アクラ沿岸部の延縄漁の漁具　－ガ族オス漁民の事例」『アフロ・ユーラシア内陸乾燥地文明』6, 62-72

古澤礼太（2016）「トウモロコシの発酵主食『コミ（ケンケ）』から考えるガーナ共和国ガ民族の食文化」『沙漠研究』26(2), 73-79

---

中部大学ブックシリーズ　Acta 31

# 持続可能な発展への挑戦
## 中部 ESD 拠点が歩んだ国連 ESD の 10 年

2019 年 3 月 30 日　第 1 刷発行

定　価　（本体 800 円＋税）

著　者　古澤　礼太

発行所　中部大学
　　　　〒 487-8501　愛知県春日井市松本町 1200
　　　　電　話　0568-51-1111
　　　　ＦＡＸ　0568-51-1141

発　売　風媒社
　　　　〒 460-0011 名古屋市中区大須 1-16-29
　　　　電　話　052-218-7808
　　　　ＦＡＸ　052-218-7709

---

ISBN978-4-8331-4140-6